昆虫大小标准

根据昆虫的种类，测量大小的方法不同。
这里选取具有代表性的7个种类介绍测量大小的方法。

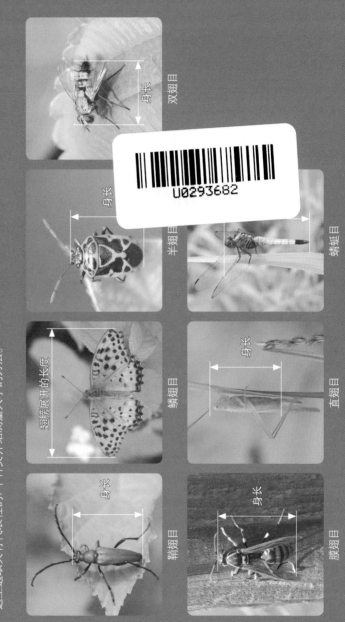

双翅目

半翅目

蜻蜓目

鳞翅目

翅膀展开的长度

直翅目

身长

鞘翅目

膜翅目

身长

U0293682

昆虫识别图鉴

〔韩〕韩永植　著
郑丹丹　译

河南科学技术出版社
·郑州·

姬虎斑花金龟

🪲 卷首语

悄悄追寻昆虫的足迹不知不觉已经20年有余。每当春光和煦、暖意融融之时，我都不禁心旌荡漾，如同掰着指头算着春游日子的孩子一般开始跃跃欲试，并迫不及待地拿出搁置已久的照相机。花团锦簇的绣线菊为昆虫提供了一场盛宴，春季正是昆虫的季节。

然而与昆虫为友的道路并不平坦。它们体形小，不易寻找，而且往往在被观察时动辄展翅飞走了。由于种类繁多，掌握准确的名称也并非易事。因此不少人最终放弃了对昆虫的关注。

这本书旨在帮助对昆虫充满好奇的读者与昆虫成为真正的朋友。这里根据作者与昆虫长久以来的接触经验为基础，按照栖息地、目科种类别进行区分，收录了在自然中发现的昆虫的名称及相关信息。

在我们身边生活着多种多样的昆虫，能够与千姿百态的昆虫相处不失为一件乐事，这里要感谢出版此书给读者与昆虫亲近的机会的真善出版社。与此同时，我也为自己能够在今后的日子里与昆虫为伴感到无比开心。

真心期待尚未感受到神秘昆虫世界的读者能够体验到与昆虫相伴的无限乐趣。

韩永植

2013年春

 **凡例**

1. 书中收录了在韩国便于寻找的21目221科1004种昆虫。

2. 书前面部分依照昆虫的目、科、种顺序区分，收录为"目科种昆虫查询"，各类别附有照片，便于查找。

3. 正文部分依照栖息地、目科种类别的顺序编排，同时兼顾到发现地点与分类顺序，记载有昆虫名称和信息。

4. 昆虫栖息地依照地、叶、花、树、水、夜晚分为6章，为便于区分栖息地，在每页上方边角处采用不同颜色标注。

5. 昆虫类别依照鞘翅目、鳞翅目、半翅目、双翅目、膜翅目、直翅目、蜻蜓目区分，其他昆虫依照栖息地进行区分。

6. 正文中除成虫外，依照重要程度，一并收录有幼虫（若虫）、蛹、卵的照片以及异形、季节形、雌雄、翅膀等的照片，便于观测昆虫多样化的形态。

7. 虽然照片中昆虫大小与实际大小不同，但大型昆虫图片较大，小型昆虫图片较小，尽可能增加其现实感，准确的大小在正文中有所记载。

8. 本文中收录有昆虫的名称、大小、出现时期、食物、形态及生态信息，有关昆虫的相关信息一目了然。

9. 为详细区分昆虫的幼虫，将完全变态幼虫称为"幼虫"，将不完全变态幼虫称为"若虫"。

10. 本书的"昆虫常识"和"其他动物常识"部分中收录有昆虫的概要、采集、观察、生态故事，各种节肢动物介绍等，帮助大家更好地了解昆虫。

11. 书的环衬上记载有昆虫大小测定的信息及可以直接用来测定大小的"量尺"，可以在现场使用。

12. 昆虫的韩国语名称以《韩国昆虫总目录》（2010）为标准编著。

13. 索引中昆虫的名称依照首字的拼音顺序排列整理，并标注有学名。

黑带食蚜蝇

柑橘凤蝶幼虫

 # 目录

本书构成及使用方法

　　本书将生活在韩国的昆虫依照栖息地、目科种进行区分，便于对发现的昆虫进行检索。目科种类别昆虫检索将昆虫依照类别进行区分收录，便于查找，在正文中对检索的昆虫的名称及相关信息进一步详细介绍。昆虫常识中为了更为细致地了解昆虫，提供了更为详尽、多样化的资料。

●目科种类别昆虫查询构成

　　在本书前部将昆虫依照目、科、种进行分类，便于查找。

目名　　　　　　　　科名

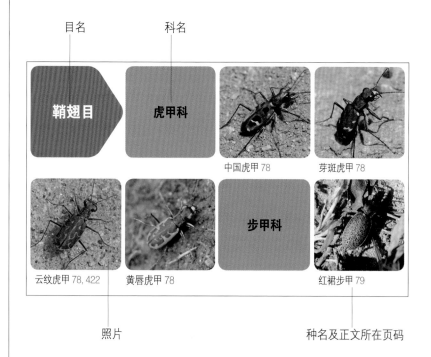

中国虎甲 78　　　　芽斑虎甲 78

云纹虎甲 78, 422　　黄唇虎甲 78　　　　红裙步甲 79

照片　　　　　　　　　　　　　　　　种名及正文所在页码

●正文构成

　　选取最常观察到的昆虫依照栖息地、目科种，共收录21目221科1004种昆虫生态照片及大小、出现时期、食物、形态、生态特征等多样化信息。

栖息地及目名　　　　科名　　　　　昆虫生态照片　　栖息地选用不同颜色区分

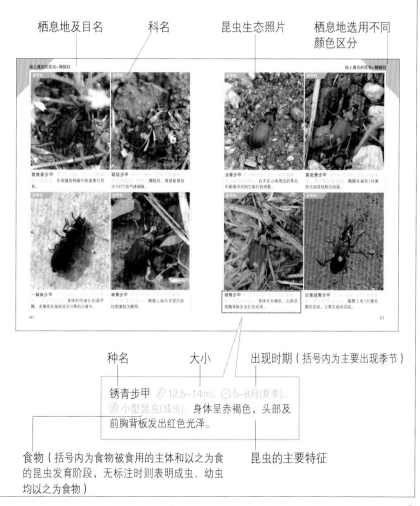

种名　　　　　　　大小　　　　　出现时期（括号内为主要出现季节）

食物（括号内为食物被食用的主体和以之为食的昆虫发育阶段，无标注时则表明成虫、幼虫均以之为食物）　　　　　昆虫的主要特征

●昆虫常识构成

昆虫常识中的昆虫的分类及形态、采集与观察、生态故事等，为更好地了解昆虫提供实用信息。

主题　　　　　　　　全面说明

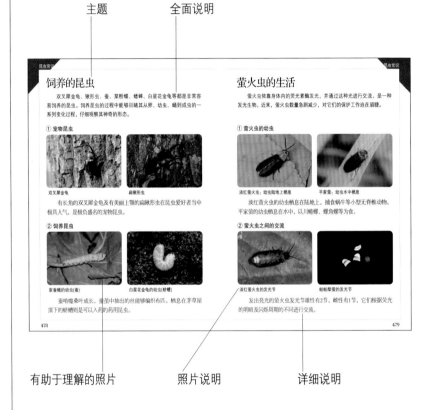

有助于理解的照片　　　照片说明　　　　详细说明

●索引

将昆虫的名称依照首字的拼音顺序进行整理，并标注有学名。

10

昆虫的栖息地

　　不同种类的昆虫生存在不同的栖息地，我们可以观察到在地上爬行的昆虫，啃噬叶片的昆虫，吮吸花粉与蜂蜜的昆虫，啃噬树木的昆虫，生存于水中的昆虫，在夜晚围绕于灯光下的昆虫。

①地

山路、公园小路、水路、住宅周围

②叶

草地、田地、溪畔、森林

③花

庭院、植物园

④树

森林、采伐木、枯木、树桩

⑤水

溪畔、江河、湖泊、湿地、莲池、蓄水池

⑥夜晚

路灯、树脂

目科种
昆虫 查询

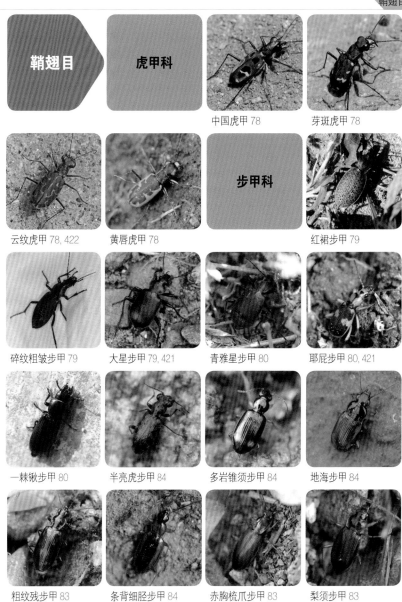

鞘翅目

虎甲科

中国虎甲 78

芽斑虎甲 78

云纹虎甲 78, 422

黄唇虎甲 78

步甲科

红裙步甲 79

碎纹粗皱步甲 79

大星步甲 79, 421

青雅星步甲 80

耶屁步甲 80, 421

一棘锹步甲 80

半亮虎步甲 84

多岩锥须步甲 84

地海步甲 84

粗纹残步甲 83

条背细胫步甲 84

赤胸梳爪步甲 83

梨须步甲 83

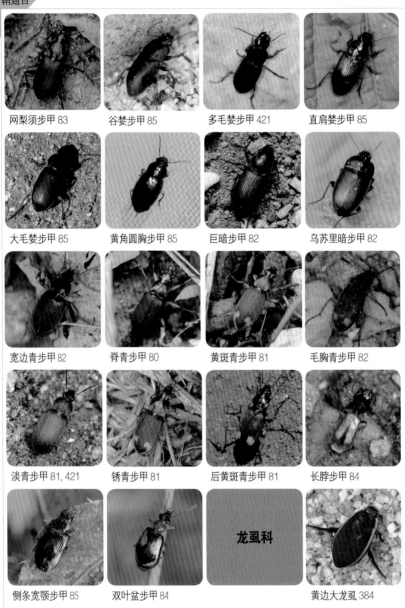

网梨须步甲 83

谷蝼步甲 85

多毛蝼步甲 421

直肩蝼步甲 85

大毛蝼步甲 85

黄角圆胸步甲 85

巨暗步甲 82

乌苏里暗步甲 82

宽边青步甲 82

脊青步甲 80

黄斑青步甲 81

毛胸青步甲 82

淡青步甲 81, 421

锈青步甲 81

后黄斑青步甲 81

长脖步甲 84

侧条宽颚步甲 85

双叶盆步甲 84

龙虱科

黄边大龙虱 384

短真龙虱 384

条纹龙虱 385, 424

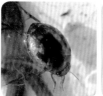
日本沼龙虱 385

圆眼粒龙虱 385

瘤河龙虱 385

泥龙虱 384, 424

豉甲科

日本豉甲 386

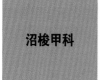
沼梭甲科

盾沼梭甲 386

牙甲科

红脊胸牙甲 386, 424

颤长节牙甲 386, 424

阎甲科

吉氏分阎甲 89

葬甲科

四斑负葬甲 86

小黑葬甲 86

尸葬甲 86, 422

黑角葬甲 86, 422

贾氏真葬甲 87, 422

亡葬甲 87

六脊树葬甲 87

隐翅虫科

黄足蚁形隐翅虫 89

韦氏迅隐翅虫 88

瘦肥隐翅甲 88

纽菲隐翅甲 425

戊苏菲隐翅虫 89, 425

短角隐翅虫 88

黑肩隐翅甲 88

双纹朽隐翅甲 89

沼甲科

锹甲科

日本沼甲 191

栗色巨锯锹甲 360, 416

贺氏扁锹甲 361, 416

细齿扁锹甲 362, 416

直牙大锹甲 362, 417

褐黄前锹甲 363

粪金龟科

丽金龟科

斜洒前锹甲 363, 416

紫金粪金龟 91

墨绿彩丽金龟 179

柳杉彩丽金龟 179, 418

矮黄异丽金龟 180

脊绿丽金龟 179

琉璃弧丽金龟 178

棉花弧丽金龟 178

中华弧丽金龟 178

斑喙丽金龟 177, 418

蜣螂科

东方丽金龟 177, 418

褐条丽金龟 177

黑肩丽金龟 179

台风蜣螂 90

臭蜣螂 90

三开蜣螂 90

掘嗡蜣螂 90

17

蚜金龟科

鳃金龟科

黄背金龟 91, 180

直蚜金龟 91

东北大黑鳃金龟 92

条索鳃金龟 92

凹额黄鳃金龟 417

黄褐小七鳃金龟 417

朝鲜鳃金龟 417

暗黑鳃金龟 418

红足平爪鳃金龟 181

绢金龟科

黑绒玛绢金龟 92

阔胫玛绢金龟 92

条鹅绒金龟 181

犀金龟科

双叉犀金龟 364, 419

华扁犀金龟 365

花金龟科

宽带鹿角花金龟 366

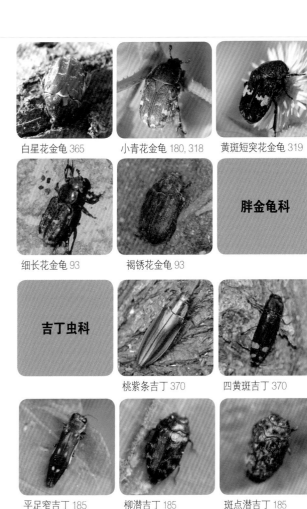

白星花金龟 365　　小青花金龟 180, 318　　黄斑短突花金龟 319　　姬虎斑花金龟 180, 319

细长花金龟 93　　褐锈花金龟 93　　**胖金龟科**　　窄日胖金龟 181, 319

吉丁虫科　　桃紫条吉丁 370　　四黄斑吉丁 370　　黄绿窄吉丁 185

平足窄吉丁 185　　柳潜吉丁 185　　斑点潜吉丁 185　　小宽细纹吉丁 320

叩甲科　　泥红槽缝叩甲 182, 423　　二瘤槽缝叩甲 96, 182, 423　　角斑贫脊叩甲 182

克拉兹叩甲 183　　冠毛长身叩甲 183　　青铜叩甲 96, 183　　黑泰光叩甲 184

深红锥胸叩甲 96, 184, 371　黑梳爪叩甲 183　　木棉梳角叩甲 184, 423

红萤科

扁形大红萤 187　　丝角红萤 187　　朝鲜红萤 187

萤科

黄萤 426　　帕帕梨萤 426　　赤铜萤 426

花萤科

黄异花萤 186　　背点细颈花萤 186　　褐翅花萤 186　　黑异花萤 186

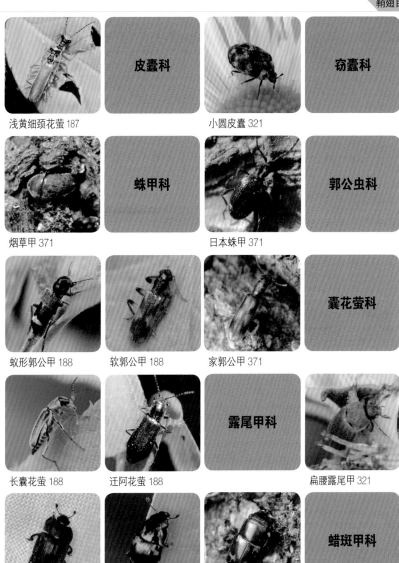

浅黄细颈花萤 187　　皮蠹科　　小圆皮蠹 321　　窃蠹科

烟草甲 371　　蛛甲科　　日本蛛甲 371　　郭公虫科

蚁形郭公甲 188　　软郭公甲 188　　家郭公甲 371　　囊花萤科

长囊花萤 188　　迁阿花萤 188　　露尾甲科　　扁腰露尾甲 321

花斑露尾甲 425　　四纹露尾甲 191　　四斑露尾甲 371　　蜡斑甲科

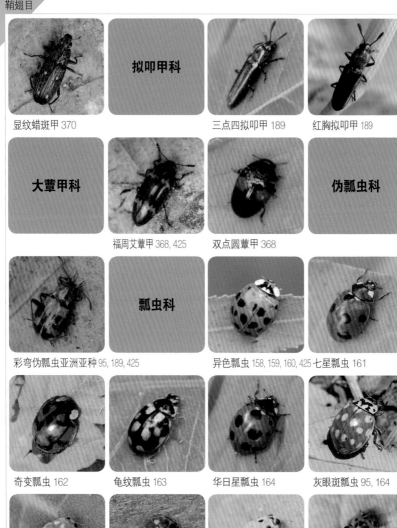

显纹蜡斑甲 370

拟叩甲科

三点四拟叩甲 189

红胸拟叩甲 189

大蕈甲科

福周艾蕈甲 368, 425

双点圆蕈甲 368

伪瓢虫科

彩弯伪瓢虫亚洲亚种 95, 189, 425

瓢虫科

异色瓢虫 158, 159, 160, 425　七星瓢虫 161

奇变瓢虫 162

龟纹瓢虫 163

华日星瓢虫 164

灰眼斑瓢虫 95, 164

四斑裸瓢虫 164

十四星瓢虫 164

柯氏素菌瓢虫 164

展缘异点瓢虫 164

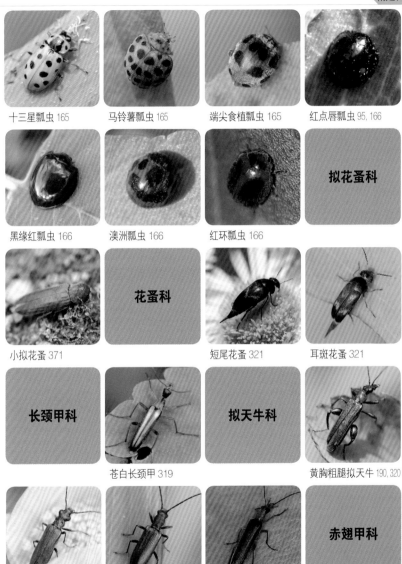

十三星瓢虫 165　　马铃薯瓢虫 165　　端尖食植瓢虫 165　　红点唇瓢虫 95, 166

黑缘红瓢虫 166　　澳洲瓢虫 166　　红环瓢虫 166　　拟花蚤科

花蚤科

小拟花蚤 371　　短尾花蚤 321　　耳斑花蚤 321

长颈甲科　　苍白长颈甲 319　　拟天牛科　　黄胸粗腿拟天牛 190, 320

同色拟天牛 320　　绿色拟天牛 190, 320　　沃氏黄拟天牛 423　　赤翅甲科

红赤翅甲 190

黄赤翅甲 190

芫菁科

日本芫菁 189, 426

伪叶甲科

紫蓝角伪叶甲 191

中国伪叶甲 191

拟步甲科

中华垫甲 191

达卫邻烁甲 94, 367

紫色步行虫 94, 367

葫芦瓶步行虫 366

凹陷齿甲 95, 366

沙潜 95

隆背垫甲 93

珍珠巫女步行虫 93

金刚山基菌甲 368

瘦扁足甲 95

天牛科

栗山天牛 354, 420

24

桃红颈天牛 356　　二色长绿天牛 357, 420　　红翅杉天牛 354　　樟暗红天牛 156

黄纹虎天牛 157, 357　　类似绿虎天牛 157, 317　　暗色跗虎天牛 157　　细足艳虎天牛 157

阿尔泰天牛 155　　帽斑紫天牛 154　　双簇污天牛 153, 358　　白点星天牛 358

双带粒翅天牛 154, 358　　密点白条天牛 355　　白星墨天牛 359　　多毛象天牛 359

四点象天牛 359　　云杉小墨天牛 359　　毛角多节天牛 152　　菊小筒天牛 152

麻竖毛天牛 152　　白腰芒天牛 357　　黄纹小筒天牛 152　　黑缘筒天牛 156

日本竿天牛 153　　大山锯天牛 355　　中华薄翅天牛 355, 419　　锯天牛 420

短角椎天牛 419　　脊鞘幽天牛 354　　松皮天牛 357　　蓝金天牛 153

黑角驼花天牛 317　　东北驼花天牛 153　　赤杨伞花天牛 156, 316　　曲纹花天牛 156, 316

橡黑花天牛 155, 316　　十二斑花天牛 317　　格氏肿腿花天牛 317

叶甲科

柳二十斑叶甲 142　　杨叶甲 143　　蒿金叶甲 143　　蓼蓝齿胫叶甲 141

薄荷金叶甲 143　　绿条金叶甲 144　　梨叶甲 144　　东方油菜叶甲 141

柳蓝叶甲 141　　二纹柱萤叶甲 145　　等节臀萤叶甲 145　　黄胸绿叶甲 146

十星瓢萤叶甲 144　　多脊萤叶甲 145　　黑足黑守瓜 146　　斑角拟守瓜 146

褐背小萤叶甲 147　　菱小萤叶甲 146　　外来广聚萤叶甲 146　　玉米异跗萤叶甲 145

钟形绿萤 146　　四斑长跗萤叶甲 147　　史氏长跗萤叶甲 147　　驼负泥虫 139

斑肩负泥虫 139　　蓝负泥虫 138　　鸭跖草负泥虫 138　　赭色负泥虫 138

红胸负泥虫 138　　红带负泥虫 138　　盾负泥虫 138　　十四点负泥虫 139

褐足角胸叶甲 141　　葡萄叶甲 140　　艾蒿隐头叶甲 139　　显密点跳甲 148

黄曲条跳甲 148　　蛇莓跳甲 148　　油菜蚤跳甲 148　　月见草跳甲 148

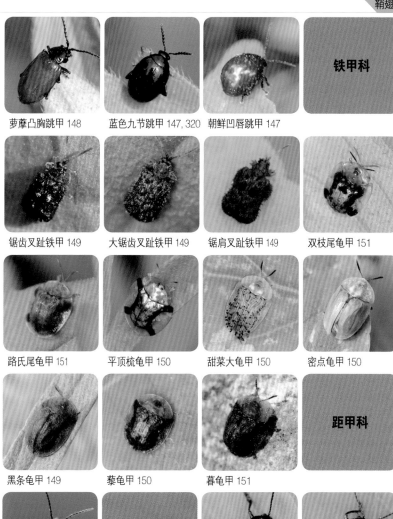

铁甲科

萝藦凸胸跳甲 148　　　蓝色九节跳甲 147, 320　　朝鲜凹唇跳甲 147

锯齿叉趾铁甲 149　　大锯齿叉趾铁甲 149　　锯肩叉趾铁甲 149　　双枝尾龟甲 151

路氏尾龟甲 151　　平顶梳龟甲 150　　甜菜大龟甲 150　　密点龟甲 150

黑条龟甲 149　　藜龟甲 150　　暮龟甲 151

距甲科

双色瘤胸叶甲 147

肖叶甲科

中华萝藦叶甲 140　　甘薯肖叶甲 140

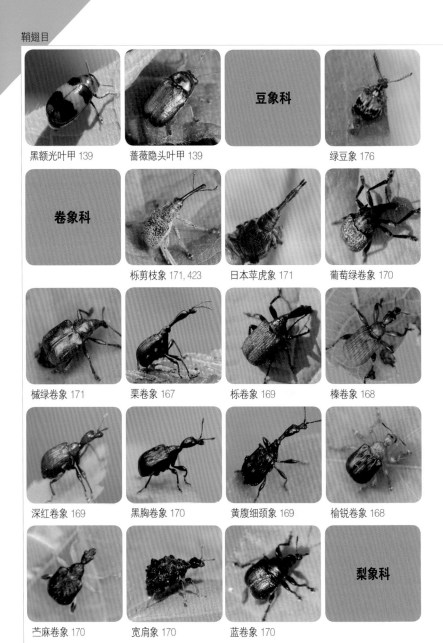

黑额光叶甲 139

蔷薇隐头叶甲 139

豆象科

绿豆象 176

卷象科

栎剪枝象 171, 423

日本苹虎象 171

葡萄绿卷象 170

槭绿卷象 171

栗卷象 167

栎卷象 169

榛卷象 168

深红卷象 169

黑胸卷象 170

黄腹细颈象 169

榆锐卷象 168

苎麻卷象 170

宽肩象 170

蓝卷象 170

梨象科

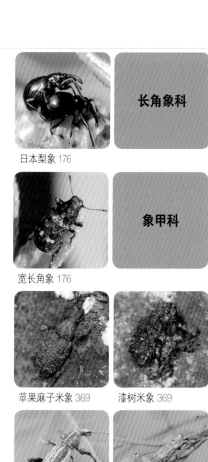

长角象科

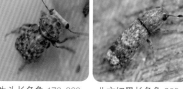

日本梨象 176 　　　　牛头长角象 176, 368　　北方细黑长角象 368

象甲科

宽长角象 176 　　　　马甲象 174 　　　　松瘤象 369

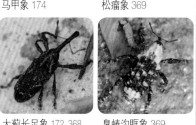

苹果麻子米象 369　　漆树米象 369　　　大蓟长足象 172, 368　臭蜻沟眶象 369

颗粒长毛象 173 　　　日本癞象 174 　　　大绿象 174 　　　秃象 175

喙象 175 　　　　　　漆喙象 175 　　　　王喙象 175 　　　　斑点刺毛象 175

矮胖刺毛象 175

细长筒喙象 172

斑点筒喙象 172

柞栎象 173

锯腿小栗象 173

杨干小隐喙象 321

三叶草叶象 173

黄斑船象 321

胸沟小米象 176

葶草小米象 176

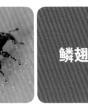
鳞翅目

长角蛾科

网纹长须蛾 206

细白带长角蛾 206

小黄长角蛾 206

木蠹蛾科

多斑豹蠹蛾 461

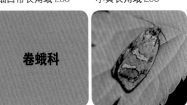
卷蛾科

环铅卷蛾 210, 461

黄色卷蛾 211, 460

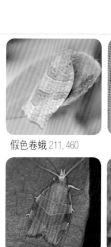
假色卷蛾 211, 460

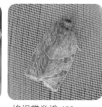
棉褐带卷蛾 460

黑尾黄卷蛾 210

丑尾卷蛾 211

榛褐卷蛾 210

截圆卷蛾 210

麻小卷蛾 210

玫双刺小卷蛾 461

蓑蛾科

黑肩蓑蛾 207

大巢蓑蛾 207

雕蛾科

银点雕蛾 213

透翅蛾科

蜜桃兴透翅蛾 207

小兴透翅蛾 207

织蛾科

竹红展足蛾 206

绢蛾科

中华绢蛾 208, 334

草螟科

双带草螟 446

二化螟 447

甜菜白带野螟 212, 449

葡萄切叶野螟 448

桃蛀螟 447

瓜绢野螟 449

棉卷叶野螟 447

稻纵卷叶螟 449

亚洲玉米螟 450

酸模秆野螟 212

丛毛展须野螟 448

三条扇野螟 448

淡黄卷野螟 448

白桦角须野螟 212, 447

麦牧野螟 213

元参棘趾野螟 448

洁细野螟 448

螟蛾科

艳双点螟 450

盐肤木黑条螟 451　　康歧角螟 451　　黄歧角螟 451　　小歧角螟 451

白带网丛螟 450　　日本彩丛螟 450　　红云翅斑螟 451　　印度谷斑螟 212, 451

网蛾科　　　　　　大斜线网蛾 461　　中纹网蛾 209　　尖尾网蛾 209, 334

羽蛾科　　　　　　葡萄日羽蛾 209　　**斑蛾科**　　　　　稻八点斑蛾 208

梨叶斑蛾 208　　烟囱斑蛾 208　　白带锦斑蛾 463　　**刺蛾科**

黄刺蛾 459

中国绿刺蛾 458

白点刺蛾 458

角齿刺蛾 460

黑点新扁刺蛾 458

扁刺蛾 459

钩蛾科

栎距钩蛾 217, 446

日本线钩蛾 217, 446

赤杨镰钩蛾 446

圆钩蛾科

洋麻圆钩蛾 218

波纹蛾科

晨华波纹蛾 463

尺蛾科

女贞尺蛾 213, 443

小缺口青尺蛾 441

钩线青尺蛾 441

曲白带青尺蛾 441

赤线尺蛾 214

平纹绿尺蛾 441

饰紫线尺蛾 215

小紫线尺蛾 214

玫尖紫线尺蛾 215

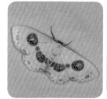
贼眼尺蛾 442

麻岩尺蛾 214

超岩尺蛾 442

黄腹毛纹尺蛾 214, 442

克什米尔残叶青蜂 215

黑条眼尺蛾 213, 442

银灰金星尺蛾 216

光边锦尺蛾 445

三线皎尺蛾 217

拟柿星尺蛾 444

柿星尺蛾 444

黄星弥尺蛾 216

茶用克尺蛾 445

暮尘尺蛾 445

苹烟尺蛾 217, 444

埃尺蛾 216, 445

双云尺蛾 443

木橑尺蛾 216, 443

秋黄尺蛾 444

虚纹黄尺蛾 215

蛱蛾科

黑星蛱蛾 209

锚纹蛾科

锚纹蛾 334

蚕蛾科

家蚕蛾 222

野蚕蛾 463

大蚕蛾科

土尾大蚕蛾 462

半目大蚕蛾 462

天蛾科

榆绿天蛾 452

枣桃六点天蛾 452

栗六点天蛾 455

绒星天蛾 452

构月天蛾 452

豆天蛾 455　　盾天蛾 453　　鹰翅天蛾 454　　黄山鹰翅天蛾 454

葡萄天蛾 453　　白肩天蛾 453　　红天蛾 223　　雀纹天蛾 223

黑长喙天蛾 333　　青背长喙天蛾 333　　舟蛾科　　黑蕊舟蛾 456

黑条燕尾舟蛾 456　　刺槐掌舟蛾 456　　黄二星舟蛾 457　　艳金舟蛾 457

苹掌舟蛾 457　　栎掌舟蛾 457　　槐羽舟蛾 458　　毒蛾科

肾毒蛾 439

盗毒蛾 439

L纹白毒蛾 439

点白毒蛾 438

舞毒蛾 440

栎毒蛾 440

波纹毒蛾 440

灯蛾科

大丽灯蛾 218, 435

白雪灯蛾 437

连星污灯蛾 219, 436

人纹污灯蛾 437

红星雪灯蛾 437

煤色滴苔蛾 219, 436

优美苔蛾 435

叉纹美苔蛾 435

之美苔蛾 438

平土苔蛾 438

灰土苔蛾 219

日土苔蛾 438

金土苔蛾 219

乌闪网苔蛾 434

鹿蛾科

蕾鹿蛾 221, 334

夜蛾科

钩白肾夜蛾 433

白点厚角夜蛾 433

胸须夜蛾 433

邻奴夜蛾 433

晚亥夜蛾 432

赭黄长须夜蛾 221

斜线髯须夜蛾 432

裳夜蛾 220, 428

栎剌裳夜蛾 428

白缘光裳夜蛾 220

懒毛胫夜蛾 221

庸肖毛翅夜蛾 429

变色夜蛾 428

绕环夜蛾 427

蚪目夜蛾 427

褐灰角衣夜蛾 434

南方锞纹夜蛾 431

银纹夜蛾 335

金斑夜蛾 431

折纹殿尾夜蛾 434

曲缘皮夜蛾 430

普饰夜蛾 431

希饰夜蛾 431

内黄血斑夜蛾 432

考氏缤夜蛾 432

拟彩虎蛾 221

大红裙杂夜蛾 429

玛瑙兜夜蛾 430

红晕散纹夜蛾 430

日月明夜蛾 430

黏虫 335

弄蝶科

深山珠弄蝶 105, 202, 332

黑弄蝶 105, 200

直纹稻弄蝶 201, 332

山地谷弄蝶 332

豹弄蝶 201, 332

曲纹黄室弄蝶 201

凤蝶科

柑橘凤蝶 322, 323

碧翠凤蝶 204, 325

绿带翠凤蝶 205

珠美凤蝶 205, 325

白绢蝶 104, 203, 324

虎凤蝶 203, 324

丝带凤蝶 324

粉蝶科

菜粉蝶 199, 330

东方菜粉蝶 105, 330

黑脉菜粉蝶 105, 199, 329

黄尖襟粉蝶 329

斑缘豆粉蝶 200, 329

宽边黄粉蝶 200, 329

突角小粉蝶 198

灰蝶科

珠灰蝶 331

蓝灰蝶 197, 331

酢浆灰蝶 198

玄灰蝶 104

琉璃灰蝶 104, 330

红昙灰蝶 104, 197, 331

橙昙灰蝶 331

蓝燕灰蝶 104, 330

黄栅灰蝶 196

栅灰蝶 196

巴青灰蝶 198

青灰蝶 198

亲艳灰蝶 103

翠艳灰蝶 103, 196

耀金灰蝶 196

锈色梳灰蝶 104

蛱蝶科

黄钩蛱蝶 97, 193

琉璃蛱蝶 98

布网蜘蛱蝶 99, 326

小红蛱蝶 326

大红蛱蝶 99, 193

老豹蛱蝶 327

红老豹蛱蝶 99, 327

斐豹蛱蝶 192, 328

豹蛱蝶 193, 327

热带豹蛱蝶 327

小环蛱蝶 100, 194

啡环蛱蝶 100

链环蛱蝶 101

隐线蛱蝶 100

扬眉线蛱蝶 101

断眉线蛱蝶 194

黄帅蛱蝶 102

细带闪蛱蝶 103

白斑迷蛱蝶 103

大紫蛱蝶 102

朴喙蝶 98, 194

黑脉蛱蝶 194

眼蝶科

蛇眼蝶 101, 195, 325

多眼蝶 195

稻眉眼蝶 195

拟稻眉眼蝶 101, 195

半翅目

蝎蝽科

日本长蝎蝽 388

霍氏蝎蝽 388

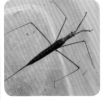

中华螳蝎蝽 389

负蝽科

大田鳖 387

日本拟负蝽 387

巨拟负蝽 388

划蝽科

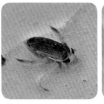

横纹划蝽 391

钟丽烁划蝽 391, 465

仰蝽科

三点仰蝽 389

黾蝽科

湿地黾蝽 391, 464

宽腹黾蝽 390

细角黾蝽 390

伊斯黾蝽 391

姬蝽科

山高姬蝽 112, 259

暗色姬蝽 259

泛希姬蝽 259

黄翅花姬蝽 112

盲蝽科

淡须苜蓿盲蝽 252

中黑苜蓿盲蝽 252

三环苜蓿盲蝽 252

绿盲蝽 253

美丽后丽盲蝽 253

带原盲蝽 254

光滑树丽盲蝽 253

克氏树丽盲蝽 253

眼斑厚盲蝽 254

遮颜盲蝽 254

异角盲蝽 254

47

赤条纤盲蝽 255

红脉狭盲蝽 255

条赤须盲蝽 255

斑契齿爪盲蝽 256

桑氏齿爪盲蝽 256

丽齿爪盲蝽 255

网蝽科

梨冠网蝽 249

猎蝽科

环斑猛猎蝽 112, 257

青背真猎蝽 257

黑脂猎蝽 112, 258

褐菱猎蝽 111, 258

膨腹土猎蝽 259

乌黑盗猎蝽 258

异赤猎蝽 111, 257

黄环蚊猎蝽 256

扁蝽科

台湾喙扁蝽 245

疣尤扁蝽 245

跷蝽科

娇背跷蝽 251

大成山肩跷蝽 336

长蝽科

豆突眼长蝽 249

斑脊长蝽 242

中国脊长蝽 242, 337

丝肿腮长蝽 243

长须梭长蝽 243

黑斑地长蝽 107, 243

小窄长蝽 244

白边球胸长蝽 244

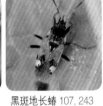

短翅球胸长蝽 244

褐斑点烈长蝽 245

日本小长蝽 244, 337

宽大眼长蝽 244, 337

大狭长蝽 244

红蝽科

曲缘红蝽 107

缘蝽科

49

宽棘缘蝽 237

稻棘缘蝽 237

广腹同缘蝽 239

一点同缘蝽 240

钝肩普缘蝽 108, 240

环纹黑缘蝽 108, 239

暗黑缘蝽 240

茄瘤缘蝽 240

褐奇缘蝽 238

达氏安缘蝽 236

蛛缘蝽科

棒蜂缘蝽 241

姬缘蝽科

黄伊缘蝽 245, 337

褐伊缘蝽 245, 337

开环缘蝽 245

异蝽科

黑门娇异蝽 107, 248

环斑娇异蝽 107, 248

平刺娇异蝽 247

红足壮异蝽 247

龟蝽科

暗纹圆龟蝽 249, 336

双痣圆龟蝽 249

东方圆龟蝽 249

点豆龟蝽 249

同蝽科

伊锥同蝽 108, 250

细齿同蝽 250

宽铗同蝽 250

钝肩狄同蝽 250

土蝽科

青革土蝽 106

大鳖土蝽 106

三点边土蝽 106

盾蝽科

金绿宽盾蝽 246

扁盾蝽 108, 247

兜蝽科

细角瓜蝽 106, 251

蝽科

谷蝽 236

益蝽 110, 236

红足并蝽 234

喙蝽 111, 235

中华蝎蝽 111, 234

蝎蝽 234

蓝蝽 110, 235

茶翅蝽 109, 225, 335, 464

斑须蝽 224, 335

稻绿蝽 109, 226

碧蝽 227

珀蝽 110, 231, 464

北方辉蝽 228, 336

日本麦蝽 231

横纹菜蝽 230

菜蝽 230

紫蓝曼蝽 228, 336

东北曼蝽 110, 229

北曼蝽 229

灰全蝽 234

全蝽 109, 232

多毛实蝽 229

珠蝽 229

中华岱蝽 232

浩蝽 232

斑点莽蝽 109, 232, 464

黑斑二星蝽 233

北二星蝽 233

广二星蝽 233

二星蝽 233

稻黑蝽 233

弯刺黑蝽 233

沫蝉科

尤氏曙沫蝉 264

白带菱沫蝉 263

海滨菱沫蝉 263

松黄足菱沫蝉 264

尖胸沫蝉科

黑胸异长沫蝉 264

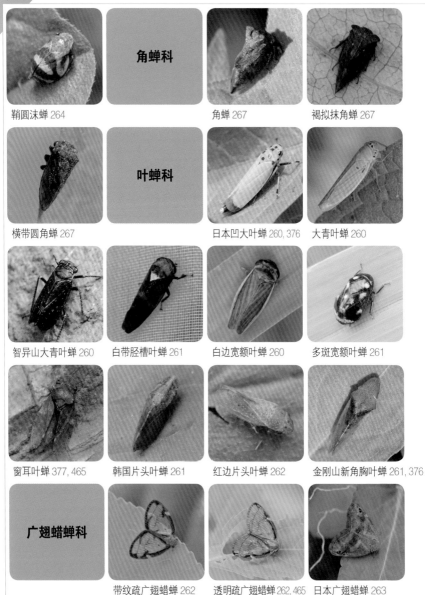

鞘圆沫蝉 264

角蝉科

角蝉 267

褐拟抹角蝉 267

横带圆角蝉 267

叶蝉科

日本凹大叶蝉 260, 376

大青叶蝉 260

智异山大青叶蝉 260

白带胫槽叶蝉 261

白边宽额叶蝉 260

多斑宽额叶蝉 261

窗耳叶蝉 377, 465

韩国片头叶蝉 261

红边片头叶蝉 262

金刚山新角胸叶蝉 261, 376

广翅蜡蝉科

带纹疏广翅蜡蝉 262

透明疏广翅蜡蝉 262, 465

日本广翅蜡蝉 263

褐带广翅蜡蝉 263, 465

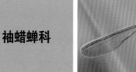

袖蜡蝉科

红袖蜡蝉 265

嵌边波袖蜡蝉 265, 465

红尾长袖蜡蝉 265

蜡蝉科

斑衣蜡蝉 375, 466

东北丽蜡蝉 376, 466

象蜡蝉科

伯瑞象蜡蝉 266

蔗象蜡蝉 266

菱蜡蝉科

四带瑞脊菱蜡蝉 266

飞虱科

长绿飞虱 265

蝉科

鸣鸣蝉 372

蚱蝉 372

黑胡蝉 373

松寒蝉 373, 466

蟪蛄 374

毛蟪蛄 374, 466

木虱科

桑异脉木虱 266

蚜科

蓟沟无网蚜 267

萨氏瘤头蚜 267

马醉木指管蚜 267

旌蚧科

白箭旌蚧 377

蜡蚧科

日本蜡蚧 377

双翅目

大蚊科

条花蚊 281

多突短柄大蚊 281

黑色短柄大蚊 282

黑翅花蚊 282

长寿花蚊 282

蛾蠓科

交错蛾蠓 273

蚊科

白纹伊蚊 280, 467

淡色库蚊 281

摇蚊科

羽摇蚊 280

毛蚊科

黑毛纹 114

瘿蚊科

艾蒿艾瘿蚊 282

虻科

三角虻 278

卡洛依斯虻 115, 467

黄绿黄虻 278

水虻科

黑色指突水虻 277

黄腹小丽水虻 277

等额水虻 277

光亮扁角水虻 277

斑点粗腿水虻 280

食虫虻科

大叉径食虫虻 279

中华盗虻 279

前黑食虫虻 115, 279

蜂虻科

红足食虫虻 279

窄弯顶毛食虫虻 280

大蜂虻 115, 343

长足虻科

多毛蜂虻 343

铃木姬蜂虻 342

长尾鬃长足虻 278

头蝇科

食蚜蝇科

斑点长足虻 278

异足头蝇 276

食蚜蝇 339

灰带管蚜蝇 274, 338

短腹管蚜蝇 339

亮黑斑眼蚜蝇 274, 340

狭带条胸蚜蝇 274, 338

羽芒宽盾蚜蝇 339

圆腰木蚜蝇 340

黄环粗股蚜蝇 340

熊蜂拟木蚜蝇 274, 341

圆褐蜂蚜蝇 341

黄盾蜂蚜蝇 114

黑带食蚜蝇 341

爪哇异食蚜蝇 341

长翅细腹食蚜蝇 275, 342

大灰后食蚜蝇 114, 275

凹带后食蚜蝇 275, 342

狭带贝食蚜蝇 275

眼蝇科

短眼蝇 276

黄带眼蝇 276, 344

暗叉芒眼蝇 276

实蝇科

平山斑翅实蝇 272

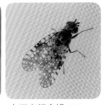
东亚斑翅实蝇 272

59

类纹实蝇 272

扁口蝇科

大翅扁口蝇 271

端斑皱蝇 272

腹纹皱蝇 272

黑尾皱蝇 272

角蝇科

铜色长角沼蝇 114, 273, 467

缟蝇科

长翅缟蝇 273

果蝇科

黑腹果蝇 273

粪蝇科

黄粉粪蝇 269

花蝇科

横带花蝇 273

丽蝇科

叉叶绿蝇 113, 268

亮绿蝇 113, 268

壶绿蝇 268

边丽蝇 113, 268

大头金蝇 269

不显口鼻蝇 269, 343

草绿等彩蝇 269, 343

麻蝇科

尾黑麻蝇 113, 271

蝇科

家蝇 273

寄蝇科

黄茸毛寄蝇 270, 344

瓢升茸毛寄蝇 270

鳃佩雷寄蝇 271

北海道赘诺寄蝇 271

斑须蟓筒腹寄蝇 271

普通膜腹寄蝇 270, 344

中国星圆点突额蝇 270, 344

膜翅目

三节叶蜂科

蔷薇黄腹叶蜂 284

杜鹃黑毛三节叶蜂 284

61

锤角叶蜂科

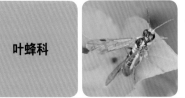
叶蜂科

美丽锤角叶蜂 283

侧斑槌腹叶蜂 283

钩腹蜂科

白唇萝卜叶蜂 283

黑唇平背叶蜂 283

黑神钩瓣叶蜂 283

瘿蜂科

卵

虫瘿

条纹钩腹蜂 287

柞枝球瘿瘿蜂 287

麻栎纯瘿蜂 287

虫瘿

虫瘿

姬蜂科

板栗瘿蜂 287

栎瘿蜂 287

单色拟瘦姬蜂 286

日本栉姬蜂 120, 286

丽软姬蜂 286

白纹姬蜂 286

地蚕大铁姬蜂 287

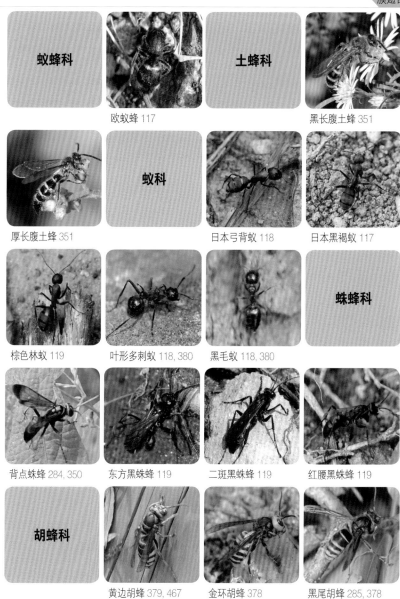

蚁蜂科

欧蚁蜂 117

土蜂科

黑长腹土蜂 351

厚长腹土蜂 351

蚁科

日本弓背蚁 118

日本黑褐蚁 117

棕色林蚁 119

叶形多刺蚁 118, 380

黑毛蚁 118, 380

蛛蜂科

背点蛛蜂 284, 350

东方黑蛛蜂 119

二斑黑蛛蜂 119

红腰黑蛛蜂 119

胡蜂科

黄边胡蜂 379, 467

金环胡蜂 378

黑尾胡蜂 285, 378

63

小黄胡蜂 379

细黄胡蜂 116, 285

异腹胡蜂科

长足异腹胡蜂 116, 285, 467

大异腹胡蜂 116

马蜂科

日本马蜂 285

约马蜂 116, 379

斯马蜂 350

蜾蠃科

镶黄蜾蠃 117, 349

苏拉威蜾蠃 284, 349

孔蜾蠃 349

黑胸蜾蠃 284, 350

帕氏直盾蜾蠃 350

泥蜂科

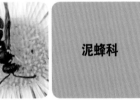

红腿短毛黑泥蜂 120

沙泥蜂 120

驼腹泥蜂 120

切叶蜂科

隧蜂科

蔷薇切叶蜂 348　淡翅切叶蜂 348　　　　　革唇淡脉隧蜂 348

毛足蜂科

西方淡脉隧蜂 347　铜色隧蜂 348　似红腹蜂 347

蜜蜂科

日本毛足蜂 347　　　　　　　凹盾斑蜂 347　西方蜜蜂 117, 284, 345

中华蜜蜂 345　污长须蜂 345　日本四条蜂 345　红光熊蜂 346

直翅目　驼螽科

黄胸木蜂黑蜂亚种 346　　　　　　　　　　朝鲜疾灶螽 125

65

蛩斯科

温室灶螽 125　　乌苏里拟疾灶螽 125　　单色灶螽 125

暗褐蝈螽 126, 299　　小翅螽 127, 301　　乌苏里拟寰螽 126, 300　　布氏寰螽 299

长翅螽斯 301　　日本似织螽 301　　黑角露螽 128, 303, 468　　中华露螽 303

日本条螽 302　　大掩耳螽 304　　长裂华绿螽 304　　钝锥头螽 305

草螽科

中华草螽 307　　豁免草螽 127, 306　　斑翅草螽 307

蟋蟀科

黄脸油葫芦 128, 307, 468　蛮棺头蟋 129　　多伊棺头蟋 129

西伯利亚田蟋 129　日本纤蟋 129　斑点双针蟀 307　日本蛉蟀 308

双带拟蛉蟋 308　长瓣树蟋 128, 308, 351

蝼蛄科

东方蝼蛄 130

斑腿蝗科

玛安秃蝗 123, 293　贝氏安秃蝗 293　长翅幽蝗 294

白纹翘尾蝗 293

蝗科

中华稻蝗 123, 288　日本黄脊蝗 290

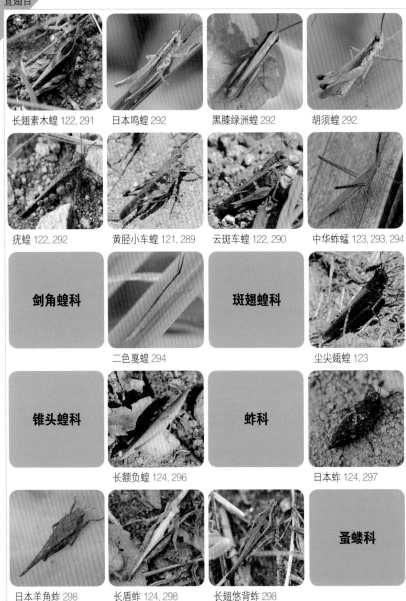

长翅素木蝗 122, 291　　日本鸣蝗 292　　黑膝绿洲蝗 292　　胡须蝗 292

疣蝗 122, 292　　黄胫小车蝗 121, 289　　云斑车蝗 122, 290　　中华蚱蜢 123, 293, 294

剑角蝗科

斑翅蝗科

二色戛蝗 294

尘尖翅蝗 123

锥头蝗科

蚱科

长额负蝗 124, 296

日本蚱 124, 297

日本羊角蚱 298　　长盾蚱 124, 298　　长翅悠背蚱 298

蚤蝼科

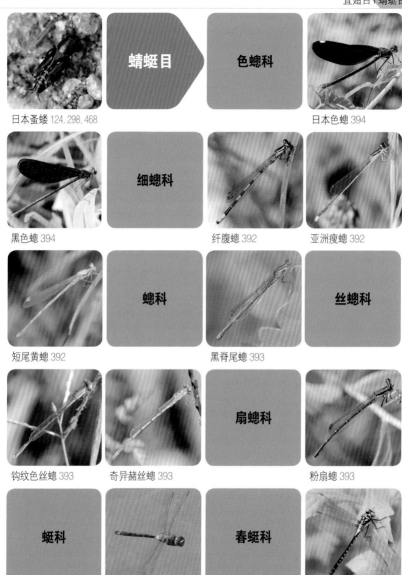

日本蚤蝼 124, 298, 468

蜻蜓目

色蟌科

日本色蟌 394

细蟌科

黑色蟌 394

纤腹蟌 392

亚洲瘦蟌 392

蟌科

丝蟌科

短尾黄蟌 392

黑脊尾蟌 393

扇蟌科

钩纹色丝蟌 393

奇异赭丝蟌 393

粉扇蟌 393

蜓科

春蜓科

碧伟蜓 405

新月戴春蜓 404

大蜓科

蜓科

黄脊缅春蜓 405

巨圆臀大蜓 405

红蜻 397

秋赤蜻 395

夏赤蜻 398

褐带赤蜻 396

眉斑赤蜻 398

小赤蜻 398

褐顶赤蜻 399

白尾灰蜻 401

巨白尾灰蜻 402

闪绿宽腹蜻 403

低斑蜻 402

黄蜻 400

广翅目

齿蛉科

玉带蜻 400

黑丽翅蜻 468

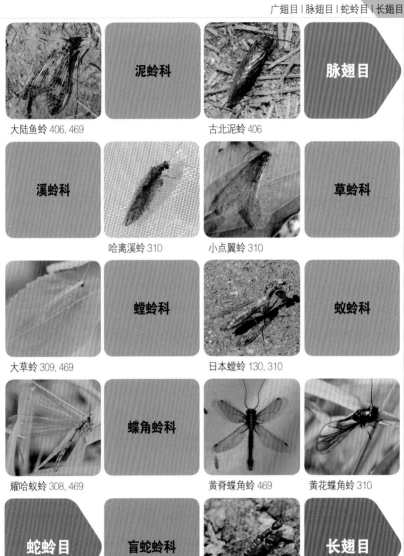

泥蛉科

脉翅目

大陆鱼蛉 406, 469

古北泥蛉 406

溪蛉科

草蛉科

哈离溪蛉 310

小点翼蛉 310

螳蛉科

蚁蛉科

大草蛉 309, 469

日本螳蛉 130, 310

蝶角蛉科

耀哈蚁蛉 308, 469

黄脊蝶角蛉 469

黄花蝶角蛉 310

蛇蛉目

盲蛇蛉科

长翅目

日本盲蛇蛉 130

71

蝎蛉科

角蝎蛉 131, 406

朝鲜蝎蛉 407

毛翅目

纹石蛾科

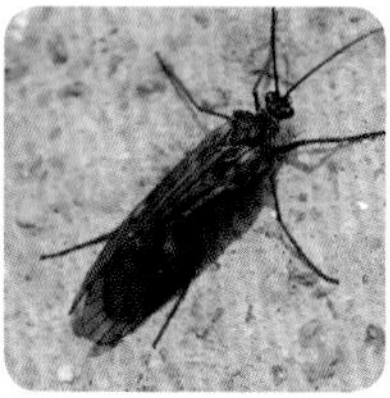

巨纹石蛾 407

石蛾科

烟囱石蛾 407

沼石蛾科

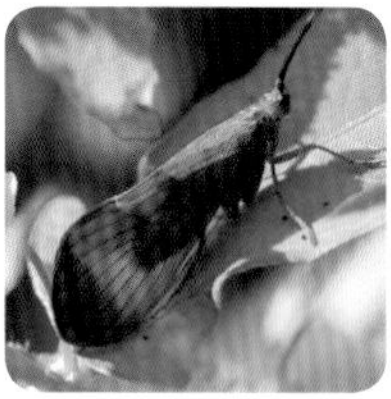

韩国巨沼石蛾 407

齿角石蛾科

木曾裸齿角石蛾 408

蜉蝣目

河花蜉科

金河花蜉 408

蜉蝣科

细纹蜉 408

花纹蜉蝣 409

东方蜉蝣 409

扁蜉科

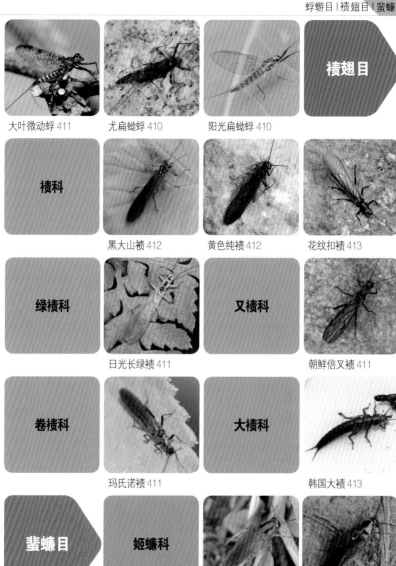

大叶微动蜉 411　　尤扁蜉蝣 410　　阳光扁蜉蝣 410　　**襀翅目**

襀科　　黑大山襀 412　　黄色纯襀 412　　花纹扣襀 413

绿襀科　　日光长绿襀 411　　**又襀科**　　朝鲜倍又襀 411

卷襀科　　玛氏诺襀 411　　**大襀科**　　韩国大襀 413

蜚蠊目　　**姬蠊科**　　德国小蠊 131　　日本姬蠊 131, 313

73

蜚蠊科

黑胸大蠊 133

螳螂目 ➤ **螳螂科**

北大刀螳 312

中华刀螳 132, 311

棕污斑螳 132, 312

等翅目

白蚁科

黄胸散白蚁 380

革翅目 ➤ **球蝼科**

考氏敬球蝼 134, 313

日本张铗蝼 135, 313

蠼螋科

蠼螋 133

民蠼螋科

缘瘤蝼 133

蛷目 ➤ **异蛷科**

衣鱼目

衣鱼科

异齿短角棒蜍 381

长尾栉衣鱼 135

石蛃目

石蛃科

绿哈蛃 135

黑腹胫步甲

76

地上遇见的昆虫

中国虎甲 〃18~21㎜。⏰4~9月(春季)。
小型昆虫。身上有彩色斑点，仿佛是山路的
向导一般，飞来飞去萦绕在登山者的面前。

虎甲科

芽斑虎甲 〃16~21㎜。⏰4~10月(春季)。
小型昆虫。静卧在山路上，由于身体色
彩与地表颜色接近，不易被观察到。

虎甲科

云纹虎甲 〃9~11㎜。⏰6~9月(夏季)。
小型昆虫。身体较小，夜晚偏好围绕光亮
处飞舞。

虎甲科

黄唇虎甲 〃11~13㎜。⏰6~9月(夏季)。
海边的昆虫。多栖息在西海岸的盐田地带或海
边。在岛屿上常能够与云纹虎甲一起被发现。

红裙步甲
成虫　　　　　　　　　　　　　　　　　　　　　　　幼虫

✎ 30~45㎜。⏰ 5~9月(夏季)。🍴 蚯蚓、小型昆虫等。身体呈红色，在地表能够迅速爬行觅食。幼虫同样具有快速爬行觅食的能力。

碎纹粗皱步甲　✎ 30~40㎜。⏰ 5~8月(夏季)。🍴 小型昆虫。后翅退化，因此无法飞行，但仍能以极快的速度捕食。

大星步甲　✎ 24~30㎜。⏰ 4~7月(春季)。🍴 昆虫。具有后翅，能够在展翅飞舞过程中捕获食物。

步甲科

步甲科

青雅星步甲 🖊17~25mm。⏱4~7月(春季)。🦗昆虫。在地缝或树缝中快速爬行觅食。

耶屁步甲 🖊11~18mm。⏱6~7月(夏季)。🦗小型昆虫、尸体。遇险时,尾部能够放出100℃的气体御敌。

步甲科

步甲科

一棘锹步甲 🖊17~22mm。⏱5~10月(夏季)。🦗小型昆虫。身体形同细长的葫芦瓢,多栖息在海岸或河川等的沙滩中。

脊青步甲 🖊22~23mm。⏱4~10月(夏季)。🦗小型昆虫(成虫)。鞘翅上纵向呈现的条纹图案较为鲜明。

步甲科

淡青步甲 ✐14mm左右。🕐5~10月(夏季)。🐛小型昆虫(成虫)。白天在山地周边的草丛中能够寻觅到它疾行的身影。

步甲科

黄斑青步甲 ✐15~17.5mm。🕐5~8月(夏季)。🐛小型昆虫(成虫)。鞘翅末端有1对黄色点状花纹相互衔接。

步甲科

锈青步甲 ✐12.5~14mm。🕐5~8月(夏季)。🐛小型昆虫(成虫)。身体呈赤褐色，头部及前胸背板发出红色光泽。

步甲科

后黄斑青步甲 ✐12~13mm。🕐4~8月(夏季)。🐛小型昆虫(成虫)。翅膀上有1对黄色圆形花纹，主要在夜间活动。

步甲科

步甲科

宽边青步甲 〔13~14mm。〕5~10月(夏季)。小型昆虫(成虫)。鞘翅边缘一周呈现稀薄的黄色。

毛胸青步甲 〔14~15mm。〕5~7月(夏季)。鞘翅处有两点黄色斑纹，常出现在河川、溪流周边。

步甲科

步甲科

巨暗步甲 〔17.5~21mm。〕4~9月(夏季)。身体呈黑色，鞘翅表面具有明显的竖条状纹路。

乌苏里暗步甲 〔7.5~8mm。〕4~8月(春季)。小型昆虫(成虫)。身体呈椭圆形，疾行于田野、河川周边。

步甲科

网梨须步甲 🖊 15~17mm。⏱ 4~10月(夏季)。🐛 小型昆虫(成虫)。身体呈黑色，扁平状，散发油亮的光泽。

步甲科

赤胸梳爪步甲 🖊 15~20mm。⏱ 5~10月(夏季)。🐛 小型昆虫(成虫)。鞘翅上呈现椭圆形花纹。

步甲科

梨须步甲 🖊 10~13mm。⏱ 5~10月(夏季)。🐛 小型昆虫(成虫)。身体呈扁平状，夜间多聚集于路灯或加油站灯光下。

步甲科

粗纹残步甲 🖊 8.5~10.5mm。⏱ 4~10月(春季)。栖息在溪流周边湿气较重的区域，在地底、落叶下越冬。

步甲科

条背细胫步甲 🖊6~9㎜。⏱3~8月(春季)。头部呈黑色，前胸背板呈黄色，鞘翅中央部位有黑色宽条纹。

步甲科

多岩锥须步甲 🖊4㎜ 左右。⏱3~8月(春季)。鞘翅末端有2处黄色点状花纹，爬行于河川周边地表处。

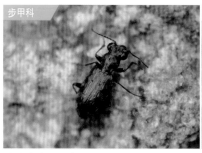

步甲科

半亮虎步甲 🖊4㎜ 左右。⏱4~10月(春季)。身体呈赤褐色，双眼凸出。主要活动于江边沙地及沙砾地中。

步甲科

长脖步甲 🖊6~6.5㎜。⏱3~9月(春季)。胸部细长，看起来像长长的脖子一般，因此得名，栖息于河沟或湿地周边。

步甲科

地海步甲 🖊6.5㎜ 左右。⏱6~8月(夏季)。头部及前胸背板呈黑色，鞘翅呈黑褐色，常见于海边。

步甲科

双叶盆步甲 🖊5.5~6.5㎜。⏱5~10月(夏季)。身体呈黄褐色，鞘翅前部及中央部位有黑色花纹。

侧条宽颚步甲 🗡9~10㎜。⏰5~10月(春季)。🍴小型昆虫(成虫) 鞘翅边缘部位有圆形弯曲条纹。

黄角圆胸步甲 🗡4.5~5.3㎜。⏰3~9月(夏季)。🍴腐烂物质(成虫) 身体形同小米,非常小巧。

直肩娄步甲 🗡9.5~14.5㎜。⏰6~9月(夏季)。身体呈黑色,相对于胸部,头部所占比例较大,属于头步甲种类。

大毛娄步甲 🗡15.1~17.9㎜。⏰7~8月(夏季)。🍴小型昆虫、尸体(成虫) 身体呈黑色,鞘翅上有纵向条纹。

谷娄步甲
🗡12.5~14.5㎜。⏰4~7月(春季)。🍴小型昆虫、尸体(成虫) 身体呈黑亮色,鞘翅呈参差不齐的椭圆形。常在阳光充足的时候疾行于地表。

葬甲科

葬甲科

四斑负葬甲 　13~21㎜。　6~9月(夏季)。　动物尸体。橘黄色鞘翅上有4处黑色斑点，擅于埋葬动物尸体。

小黑葬甲 　8~15㎜。　6~9月(夏季)。　动物尸体。身体发出油亮的黑色光泽，擅于埋葬动物尸体。

葬甲科

葬甲科

尸葬甲 　15~28㎜。　6~8月(夏季)。　蛆虫等。身体呈黑色，后腿十分粗壮。

黑角葬甲 　15~20㎜。　6~8月(夏季)。　蛆虫等。身体呈赤褐色，捕食聚集在动物尸体周围的昆虫。

葬甲科

葬甲科

六脊树葬甲 🖊 10~15mm。⏱ 5~7月(夏季)。🍴蝴蝶类幼虫(成虫)。在浅褐色的鞘翅上有四点黑色花纹。

亡葬甲 🖊 14mm 左右。⏱ 5~8月(夏季)。🍴动物尸体、腐烂物质。身体呈黑色,喜好聚集在动物尸体及垃圾上。

葬甲科

成虫 　　　　　　　　　　　　　　　　　　幼虫

贾氏真葬甲

🖊 17~23mm。⏱ 5~8月(夏季)。🍴动物尸体、排泄物。身体呈黑色,散发蓝色光泽,鞘翅宽且扁平。成虫和幼虫均喜好聚集在动物尸体和排泄物上。

隐翅虫科

隐翅虫科

韦氏迅隐翅虫 🖊15mm左右。🕐7~8月(夏季)。🍴动物尸体、排泄物(成虫)。**身体呈黑色，头部和腹部有黄色绒毛。**

短角隐翅虫 🖊18mm左右。🕐5~8月(夏季)。🍴动物尸体、排泄物(成虫)。**鞘翅一半呈红色。**

隐翅虫科

隐翅虫科

瘦肥隐翅甲 🖊14mm左右。🕐6~8月(夏季)。🍴动物尸体、排泄物(成虫)。**褐色的身体上布满青色点状花纹，仿佛铁锈一般。**

黑肩隐翅甲 🖊11~12mm。🕐5~8月(夏季)。🍴动物尸体、排泄物(成虫)。**身体呈黑色，生活在布满落叶的地表。**

隐翅虫科

黄足蚁形隐翅虫 ✎6.5~7mm。🕐4~11月(秋季)。🍽小型昆虫(成虫)。鞘翅呈青绿色，夏季多聚集在灯光下。

隐翅虫科

戊苏菲隐翅虫 ✎6.2mm左右。🕐5~8月(夏季)。🍽动物尸体、排泄物(成虫)。飞舞时鞘翅内部的后翅展开，喜好向光飞行。

隐翅虫科

双纹杓隐翅甲 ✎4~4.5mm。🕐6~8月(夏季)。🍽蘑菇(成虫)。头部小，前胸背板宽，肚子如同尾巴一般非常单薄。

阎甲科

吉氏分阎甲 ✎10mm左右。🕐5~8月(夏季)。🍽小型昆虫(成虫)。身形圆，鞘翅上有纵向细条纹，栖息于腐木上。

蜣螂科

蜣螂科

台风蜣螂 20~33mm。5~10月(夏季)。动物排泄物(幼虫)。身体呈黑色，鞘翅扁平，擅于将动物粪便滚成球状。

臭蜣螂 20~28mm。5~10月(夏季)。动物排泄物(幼虫)。身体如球体一般圆滚，喜好将牛粪或马粪聚集后在其中产卵。

蜣螂科

蜣螂科

三开蜣螂 13~19mm。4~10月(夏季)。动物排泄物(幼虫)。雄性头部有触角，鞘翅上有明显的纵向条纹。

掘嗡蜣螂 7~11mm。3~10月(夏季)。动物排泄物(幼虫)。前胸背板凹凸不平，喜好聚集在牛和马等的排泄物上。

蜣螂科

糞金龟科

黄背金龟 ✏️ 12~18mm。🕐 5~10月(夏季)。
🍃植物根部(幼虫)。身体呈黄色，爬行于湿润的地表，偏好朝向光亮处飞行。

紫金糞金龟 ✏️ 14~20mm。🕐 6~9月(夏季)。🍃动物排泄物(幼虫)。身体散发紫色光泽，在动物糞便中产卵。

蜉金龟科

基本形　　　　　　　　　　　　　　　　　　　异形

直蜉金龟
✏️ 4.5~7.2mm。🕐 3~10月(夏季)。🍃动物排泄物(幼虫)。身体呈长圆形，褐色鞘翅上有1对黑色点状花纹。还存在通身黑色的异形。

鳃金龟科

鳃金龟科

东北大黑鳃金龟 🖊16~21mm。⏱3~10月(夏季)。🍃植物根部(幼虫)。**身体呈黑色并闪耀油光，偏好向光飞行。**

条索鳃金龟 🖊11.5~14mm。⏱4~9月(夏季)。🍃植物根部(幼虫)。**身体呈圆筒形，成虫啃噬阔叶树叶片为生。**

绢金龟科

绢金龟科

黑绒玛绢金龟 🖊7~8mm。⏱3~10月(夏季)。🍃植物根部(幼虫)。**身体呈圆形卵状，成虫偏好夜间聚集在光亮处。**

阔胫玛绢金龟 🖊8~9.5mm。⏱5~10月(夏季)。🍃植物根部(幼虫)。**赤褐色的身体上具有1层硬邦邦的绒毛，外观近似天鹅绒。**

花金龟科

花金龟科

细长花金龟 ✎ 15~17mm。⏱ 5~6月(夏季)。身体呈黑色，扁平状，偏好将土覆盖在身上爬行于地表。

褐锈花金龟 ✎ 16~21mm。⏱ 6~9月(夏季)。🍴植物根部(幼虫)。鞘翅上有不规则的黑色点状花纹，亦以槲树脂液为食。

拟步甲科

拟步甲科

珍珠巫女步行虫 ✎ 10mm 左右。⏱ 5~9月(春季)。🍴腐木(幼虫)。身体呈椭圆形，散发紫色光泽，喜好聚集在蘑菇和槲树脂液上。

隆背垫甲 ✎ 10~11mm。⏱ 4~8月(春季)。🍴腐木(幼虫)。主要爬行于沙土较多的江边或河沟边。

拟步甲科

成虫　　　　　　　　　　　　　幼虫

紫色步行虫
🌿14~16mm。⏱4~11月(春季)。🍂腐木、枯木(幼虫)。身体呈黑色，散发紫色光泽，幼虫状态下越冬。幼虫细长，以上颚咀食树木。

拟步甲科

成虫　　　　　　　　　　　　　幼虫

达卫邻烁甲
🌿15~18mm。⏱5~9月(夏季)。🍂腐木(幼虫)。身体呈黑色，无光泽，主要爬行于腐木周边。细长的褐色幼虫善于啃噬树木并越冬。

沙潜 🖋9㎜左右。⏱4~5月(春季)。🍂腐朽植物(幼虫)。鞘翅上斑点点的凸起形成条状纹路,易在地表被发现。

凹陷齿甲 🖋9~12.5㎜。⏱4~11月(春季)。🍂腐木。身体呈黑色或赤褐色,鞘翅上有鲜明的纵向条纹。

瘦扁足甲 🖋7~9㎜。⏱4~9月(春季)。🍂腐木(幼虫)。身体呈黑色,散发蓝色光泽,常见于草丛中及山路上。

灰眼斑瓢虫 🖋7~9㎜。⏱4~6月(春季)。🍂王蚜虫(幼虫)。鞘翅呈黄褐色,带有较多白色斑点,春天极为常见。

红点唇瓢虫 🖋3.6~4.3㎜。⏱3~11月(春季)。🍂绒介壳虫(幼虫)。鞘翅上有1对圆形红色点状花纹,常见于地表。

彩弯伪瓢虫亚洲亚种 🖋4.7~5㎜。⏱3~10月(春季)。🍂蘑菇、腐木(成虫)。能够快速隐匿于草地中阴暗的角落。

叩甲科

叩甲科

深红锥胸叩甲 ✐10~12mm。⏱4~7月(春季)。鞘翅呈红色，爬行于地表时非常容易被发现。

二瘤槽缝叩甲 ✐12~16mm。⏱5~10月(夏季)。🍴小型昆虫(幼虫)。身体布满斑斑点点，掉落在地表不易被发现。

叩甲科

成虫

幼虫(铁丝虫)

青铜叩甲
✐15mm 左右。⏱5~6月(夏季)。🍴植物根部、土豆块茎(幼虫)。身体细长，呈黑色。幼虫在地底生活2~3年，如铁丝一般细长，因此被称作"铁丝虫"。

成虫(翅膀表面)

成虫(翅膀腹面)　　　　　　　　　　　　　　　　　幼虫

黄钩蛱蝶

🦋54~63mm。🕐全年(春季)。🌿葎草、啤酒花等(幼虫)。翅膀形同落叶，不易被发现，翅膀下面有C形花纹。幼虫身体上布满坚硬的凸起。

蛱蝶科

琉璃蛱蝶
翅膀表面　　　　　　　　　　翅膀腹面
📏50~65mm。🕐全年(春季)。🍃华东菝葜、菝葜等(幼虫)。翅膀表面两侧带有明显的青白色条纹，翅膀腹面与土地颜色相似。喜好聚集在树脂、树枝和腐烂的水果上。

蛱蝶科

朴喙蝶
翅膀表面　　　　　　　　　　翅膀腹面
📏40~50mm。🕐3~10月(春季)。🍃朴树、狭叶朴等(幼虫)。栖息在阔叶树木繁多的林中，结群飞到地表饮水。吸食腐烂的水果、动物尸体及排泄物、花蜜等。

98

蛱蝶科

蛱蝶科

布网蜘蛱蝶 ∥35~40㎜。☺5~8月(春季)。🌱荨麻、长白苎麻等(幼虫)。**翅膀倒看带有白色八字形花纹。**

大红蛱蝶 ∥50~65㎜。☺5~10月(夏季)。🌱长白苎麻、狭叶荨麻等(幼虫)。**白天多飞行于山地之间,吸食腐烂的水果和花蜜。**

蛱蝶科

翅膀表面

翅膀腹面

红老豹蛱蝶 ∥60~75㎜。☺6~10月(夏季)。🌱堇菜类等(幼虫)。**斑斑点点的花纹形似猎豹,故此得名。为饮水或晒太阳,常会停落在地表。**

蛱蝶科

蛱蝶科

啡环蛱蝶 🦋 55~70mm。⏱ 5~7月(夏季)。🍃 枫树、色木槭等(幼虫)。喜好停落在潮湿的地表,以腐烂的水果和垃圾为食。

隐线蛱蝶 🦋 50~60mm。⏱ 5~9月(夏季)。🍃 早花忍冬等(幼虫)。停落在地表饮水,吸食蜂蜜,喜好聚集在排泄物上。

蛱蝶科

翅膀表面

翅膀腹面

小环蛱蝶 🦋 45~55mm。⏱ 5~9月(夏季)。🍃 歪头菜、葛藤、梧桐等(幼虫)。由于其展开翅膀滑翔飞舞的姿态非常美丽,被称作"林中精灵"。常展开双翅在地表享受日光浴。

蛱蝶科

蛱蝶科

链环蛱蝶 📏 45~60㎜。🕐 5~9月(夏季)。
🐛绣线菊等(幼虫)。**翅膀腹面有10个黑色点状花纹。**

扬眉线蛱蝶 📏 50~60㎜。🕐 5~9月(夏季)。
🐛金银花、早花忍冬等(幼虫)。**翅膀上具有白色粗线条纹,常聚集在花朵和排泄物上。**

眼蝶科

眼蝶科

拟稻眉眼蝶 📏 40~50㎜。🕐 4~10月(春季)。🐛求米草、野青茅等(幼虫)。**翅膀腹面有很多大小眼状花纹。**

蛇眼蝶 📏 50~65㎜。🕐 6~9月(夏季)。🐛芒草等(幼虫)。**翅膀上有3对眼状花纹,喜好在草地间疾速飞舞。**

蛱蝶科

翅膀表面 | 翅膀腹面

黄帅蛱蝶

✎60~80㎜。⏱6~8月(夏季)。🍃栓皮栎、麻栎、蒙古栎等(幼虫)。翅膀呈赤黄色,具有较多黑色条纹。学名中的种名具有君主、大王的意思,故此得名。

蛱蝶科

翅膀表面 | 翅膀腹面

大紫蛱蝶

✎75~100㎜。⏱6~8月(夏季)。🍃狭叶朴、朴树等(幼虫)。翅膀呈黑色,中央部位有深紫色花纹。喜好疾速振翅高飞,常聚集在树脂和排泄物上。

蛱蝶科

蛱蝶科

细带闪蛱蝶 ✐55~70mm。⏱6~10月(夏季)。🐛柳树、细柱柳等(幼虫)。具有5种颜色的华丽蝴蝶，喜好聚集在树脂上。

白斑迷蛱蝶 ✐85~100mm。⏱6~8月(夏季)。🐛榆树、榉树等(幼虫)。翅膀上具有大小不一的白色点状花纹，擅长疾速飞舞。

灰蝶科

灰蝶科

翠艳灰蝶 ✐30~40mm。⏱6~8月(夏季)。🐛槲树类等(幼虫)。雄性翅膀表面散发青绿色光泽，栖息在槲树林中。

亲艳灰蝶 ✐32~40mm。⏱6~7月(夏季)。🐛槲栎等(幼虫)。白天停息在树叶上享受日光浴，偏好下午飞行。

灰蝶科

灰蝶科

琉璃灰蝶 📏 22~23㎜。🕐 3~10月(夏季)。🌿 胡枝子、苦参、葛藤等(幼虫)。灰白色的翅膀与地面颜色接近，因此不易被发现。

锈色梳灰蝶 📏 25~29㎜。🕐 4~5月(春季)。🌿 绣线菊、杜鹃花等(幼虫)。翅膀呈锈色，喜好停息在向阳的地表。

灰蝶科

灰蝶科

蓝燕灰蝶 📏 32~36㎜。🕐 4~8月(春季)。🌿 苦参、洋槐、鼠李树等(幼虫)。翅膀腹面的褐色条纹令人联想起老虎。

玄灰蝶 📏 20~28㎜。🕐 4~10月(春季)。🌿 景天、垂盆草等(幼虫)。翅膀表面色泽如同墨汁，故此得名。

灰蝶科

凤蝶科

红珝灰蝶 📏 27~35㎜。🕐 4~10月(春季)。🌿 小酸模、皱叶酸模等(幼虫)。翅膀呈橘红色，喜好停息在地表。

白绢蝶 📏 48~65㎜。🕐 5~6月(春季)。🌿 延胡索、珠果黄堇等(幼虫)。喜好寻觅低山地处的花朵，常停息在地表。

粉蝶科

粉蝶科

黑脉菜粉蝶 ✏50~60㎜。🕐4~10月(春季)。🦋白花碎米荠、风花菜、白菜、萝卜等(幼虫)。白色的翅膀上有深黑色条纹。

东方菜粉蝶 ✏40~50㎜。🕐4~10月(夏季)。🦋山芥菜、风花菜等(幼虫)。栖息在耕地与山地交界处，常停息在地表饮水。

弄蝶科

弄蝶科

黑弄蝶 ✏33~36㎜。🕐5~9月(夏季)。🦋山药、野山药等(幼虫)。喜好吸食大蓟菜、一年蓬等的花蜜，常停息在地表。

深山珠弄蝶 ✏36~42㎜。🕐4~5月(春季)。🦋柞栎、栓栎等(幼虫)。翅膀呈深褐色，常停息在地表或落叶上。

半翅目> 土蝽科

土蝽科

青革土蝽 ✎7~10㎜。 ⏱5~10月(夏季)。
🌿树根、果实。身体呈黑色,因与地表颜色近似,不易被发现。生活在地表。

大鳖土蝽 ✎16~19㎜。 ⏱5~10月(夏季)。
🌿树根、果实。在土蝽种类中身形最大,外形类似水鳖。

土蝽科

兜蝽科

三点边土蝽 ✎4~6㎜。 ⏱2~10月(夏季)。
🌿树根、果实。身体上具有黄白色点状花纹,边缘呈白色。

细角瓜蝽 ✎13~16㎜。 ⏱6~10月(夏季)。
🌿南瓜、西瓜、甜瓜等。身体颜色与地表颜色近似,因此不易被发现。腹部呈锯齿状。

异蝽科

异蝽科

黑门娇异蝽 🗡11~13mm。🕐4~10月(春季)。🌿榆树类、臭檀等。身体呈黄绿色，常从榆树上掉落至地表后爬行。

环斑娇异蝽 🗡10~14mm。🕐4~11月(春季)。🌿蒙古栎、柞栎等。雄性生殖器处具有饭勺形状的凸起，且极为发达。

长蝽科

红蝽科

黑斑地长蝽 🗡7~8mm。🕐3~11月(春季)。🌿各种植物。身体呈深褐色，疾行于地表或植物根部附近。

曲缘红蝽 🗡7~10mm。🕐3~11月(春季)。身体呈流线型，成虫越冬后，在初春时节阳光明媚时常疾行于地表。

缘蝽科

缘蝽科

环纹黑缘蝽 ✎8~12mm。🕐3~11月(春季)。🌿大蓟菜、野鸦椿等。身体呈暗褐色,腹部两侧边缘具有黄褐色横向条纹。

钝肩普缘蝽 ✎13~18mm。🕐4~12月(秋季)。🌿卫矛、白檀等。身体呈黑褐色,腹部呈深黄色。

盾蝽科

同蝽科

扁盾蝽 ✎9~10mm。🕐5~10月(夏季)。🌿紫芒、鹅观草等。栖息于山林和草原的杂草地带,身体形似橡子的果实。

伊锥同蝽 ✎10~13mm。🕐4~11月(夏季)。🌿灯台树、盐肤木等。雌性伊锥同蝽全身心照顾自己产下的卵,具有强烈的母爱。

蝽科

蝽科

斑点莽蝽 〽20~23mm。🕐4~10月(夏季)。🍃麻栎、槲栎等。身体布满斑斑点点的花纹，外形似树皮。

茶翅蝽 〽12~18mm。🕐全年(秋季)。🍃各种植物、果实。身体色泽类似腐木，不易被发现。

蝽科

蝽科

全蝽 〽11~14mm。🕐4~11月(夏季)。🍃柿子树、豆子、葛藤等。前胸背板的前半部有4个浅黄色点状花纹。

稻绿蝽 〽11~17mm。🕐1~11月(夏季)。🍃各种植物、果实。身体呈草绿色，故此得名，排出气体的味道也类似于草叶味。

蝽科

蝽科

珀蝽 🖊10~13mm。⏱3~11月(夏季)。🍃栗子树类、橘子树类、豆类等。前翅呈褐色。

东北曼蝽 🖊7~9mm。⏱2~10月(秋季)。🍃槲栎、沙梨等。身体呈赤褐色，类似于落叶或树木。

蝽科

蝽科

益蝽 🖊10~16mm。⏱3~11月(夏季)。🍃蝴蝶类幼虫体液。前胸背板两侧尖锐，是捕食类的肉食昆虫。

蓝蝽 🖊6~9mm。⏱3~9月(春季)。🍃昆虫体液。栖息于草地中，将喙部的刺刺入叶甲虫类和飞蛾类幼虫体内取食。

蝽科

蝽科

喙蝽 〰18~23㎜。☀5~10月(夏季)。☂飞蛾类幼虫体液。身体绿、褐色相间，将喙部的刺刺入飞蛾类幼虫体内取食。

中华蝎蝽 〰13~14㎜。☀3~11月(夏季)。☂飞蛾类幼虫体液。小盾板上部的两侧具有黑色点状花纹。

猎蝽科

猎蝽科

异赤猎蝽 〰11~13㎜。☀4~10月(夏季)。☂昆虫体液。身体呈红色，缓慢爬行于溪流周边的地表或草叶中。

褐菱猎蝽 〰20~25㎜。☀4~11月(秋季)。☂昆虫体液。肉食类猎蝽中体形最为庞大。

猎蝽科

猎蝽科

黑脂猎蝽 🖊 12~15mm。🕐 4~10月(春季)。
🦗昆虫体液。身体呈黑色，前胸背板上具有十字形凹槽，常见于松树上。

环斑猛猎蝽 🖊 12~16mm。🕐 4~10月(夏季)。🦗昆虫体液。腿部具有较多条纹，常见于树端。

姬蝽科

姬蝽科

黄翅花姬蝽 🖊 5~7mm。🕐 3~9月(春季)。🦗昆虫体液。短前翅呈黄色，常疾行于草地之中。

山高姬蝽 🖊 7~9mm。🕐 3~12月(春季)。🦗昆虫液体。身体呈赤褐色，尖利的喙部刺入小型昆虫体内后取食。

双翅目>丽蝇科

丽蝇科

叉叶绿蝇 🖋6~12mm。⏱4~10月(夏季)。🍴动物尸体、排泄物。身体散发黄绿色光泽，常停息在地表或石头表面。

亮绿蝇 🖋5~9mm。⏱4~10月(夏季)。🍴动物尸体、排泄物。身体呈绿色，常聚集在排泄物上，是传播病菌的害虫。

丽蝇科

麻蝇科

边丽蝇 🖋10~13mm。⏱4~11月(夏季)。🍴排泄物、动物尸体。身体散发青色光泽，常停落在阳光明媚的地方。

尾黑麻蝇 🖋7~13mm。⏱4~10月(夏季)。🍴排泄物、动物尸体。常聚集在腐烂的食物或垃圾上。

毛蚊科

角蝇科

黑毛蚊 ✐11~14mm。⏱4~8月(春季)。身体呈黑色且细长，常见其在溪水周边的地表或草叶中进行交配。

铜色长角沼蝇 ✐9~11mm。⏱4~8月(夏季)。🍃花粉等(成虫)。身体呈黑色，常疾行于阳光明媚的山地原野中。

食蚜蝇科

食蚜蝇科

大灰后食蚜蝇 ✐8~10mm。⏱4~9月(春季)。🍃棉蚜、大豆蚜等(幼虫)。身体扁平，腹部有多条黄色花纹。

黄盾蜂蚜蝇 ✐16~18mm。⏱5~9月(夏季)。🍃寄生在蜂窝(幼虫)。体肥，腹部具有白色粗条纹。

蜂虻科

雌性

雄性(小型个体)

大蜂虻
∅7~12㎜。⏱4~5月(春季)。🍴姬蜂类幼虫(幼虫)。全身如天鹅绒般柔软，被一层绒毛覆盖，常吸食蜂蜜。雄性体格远远小于雌性。

虻科

食虫虻科

卡洛依斯虻 ∅19~20㎜。⏱6~8月(夏季)。🍴牛、马等的体液(成虫)。紧紧贴附在牲畜的身体上，吸血而生。

前黑食虫虻 ∅22~25㎜。⏱6~9月(夏季)。🍴飞蛾、金龟等(成虫)。善于疾速飞行捕食，并疾速停落在地表。

膜翅目 > 胡蜂科

细黄胡蜂 ✐ 10~19mm。⏰ 4~10月(夏季)。🐛 昆虫尸体。身体呈黑色，具有诸多黄色条纹，喜好聚集在尸体和腐烂水果上。

异腹胡蜂科

长足异腹胡蜂 ✐ 10~22mm。⏰ 4~9月(夏季)。🐛 昆虫幼虫(幼虫)。喜好在树枝上建造形似蜕去的蛇皮般的蜂巢。

异腹胡蜂科

大异腹胡蜂 ✐ 11~17mm。⏰ 5~10月(夏季)。🐛 昆虫幼虫(幼虫)。身体呈黄色，具有红色花纹，蜂巢呈椭圆形。

马蜂科

约马蜂 ✐ 19~26mm。⏰ 4~10月(夏季)。🐛 蝴蝶类幼虫(幼虫)。身体上有黄褐色花纹，常在住宅区建造蜂巢。

蜾蠃科

蜜蜂科

镶黄蜾蠃 🖊25~30mm。⏱6~10月(夏季)。🍴蝴蝶类幼虫(幼虫)。在地表聚集泥土、植物茎、木材等建造葫芦瓶形状的蜂巢。

西方蜜蜂 🖊10~17mm。⏱3~10月(夏季)。🍴花粉、花蜜(幼虫)。最初为帮助花朵授粉而引进的蜂种,常停息在地表饮水。

蚁蜂科

蚁科

欧蚁蜂 🖊11~13mm。⏱6~8月(夏季)。🍴熊蜂(幼虫)。体肥,呈黑色,形似蚂蚁,故此得名。

日本黑褐蚁 🖊5~11mm。⏱6~10月(夏季)。🍴蚜虫、甘露、昆虫尸体(成虫)。在干燥的地面建造蚁窝,擅长拖拽昆虫尸体。

蚁科

工蚁   蚁后

日本弓背蚁

∅7~17mm。🕐4~10月(夏季)。🍴昆虫尸体(成虫)。在草丛周边的地下建窝生活，是人们常见的体形最大的蚂蚁。5~6月蚁后与雄蚁交配飞行。

蚁科

蚁科

黑毛蚁 ∅3~10mm。🕐5~10月(夏季)。🍴蚜虫类的排泄物等(成虫)。在腐木或地底建窝，7月交配飞行。

叶形多刺蚁 ∅6~10mm。🕐4~10月(夏季)。🍴蚜虫类等(成虫)。红色的胸部和腹部具有钩状凸起，在地表结队爬行。

蚁科

棕色林蚁 🖊8~10mm。⏱6~10月(夏季)。🍴小型无脊椎动物(成虫)。身体呈赤褐色，能够发射蚁酸捕食小型无脊椎动物。

蛛蜂科

东方黑蛛蜂 🖊10~20mm。⏱7~9月(夏季)。🍴蜘蛛纲(幼虫)。身体呈黑色，将捕食到的蜘蛛麻醉后，在蜘蛛腹中产卵繁殖。

蛛蜂科

二斑黑蛛蜂 🖊13~25mm。⏱6~10月(夏季)。🍴黄褐狡蛛等(幼虫)。身体呈黑色，腹部有黄色花纹，捕食蜘蛛。

蛛蜂科

红腰黑蛛蜂 🖊9mm左右。⏱6~9月(夏季)。🍴蜘蛛纲(幼虫)。身体呈黑色，腰部有清晰赤褐色带状花纹，在地表低空飞行。

泥蜂科

泥蜂科

红腿短毛黑泥蜂 ∅ 22~30mm。⏱ 6~7月（夏季）。🍴镰尾露螽、中华草螽等(幼虫)。捕食草虫，在地面挖洞后，将卵产入洞中。

沙泥蜂 ∅ 18~25mm。⏱ 5~10月(夏季)。🍴蝴蝶类幼虫(幼虫)。身体极为细长，在地表疾行捕食。

泥蜂科

姬蜂科

驼腹泥蜂 ∅ 14~22mm。⏱ 8~10月(夏季)。🍴蜘蛛纲(幼虫)。身体呈黑色，腹部末端有4条黄色条纹。

日本栉姬蜂 ∅ 12~14mm。⏱ 4~7月(夏季)。🍴飞蛾类幼虫。身体呈黑色，具有较多黄色纹路，常停息在地表。

120

直翅目> 蝗科

雄性(褐色型)

雌性(褐色型)

雄性(绿色型)

雌性(绿色型)

黄胫小车蝗

🗡32~65㎜。☺7~10月(秋季)。🌿禾本科植物。身上具有较多点状花纹，仿佛撒落的红豆一般，雄性的前胸背板呈清晰的X形。主要是褐色型，但也有绿色型。

蝗科

蝗科

云斑车蝗 🗡35~65㎜。⏱7~11月(秋季)。🌿豆科植物等。身体呈草绿色，与带翅蝗绿色型形似。

长翅素木蝗 🗡27~50㎜。⏱8~10月(秋季)。🌿豆科植物。身体呈赤褐色，具有较多点状花纹，停息在草地中不易被发现。

蝗科

雄性

雌性

疣蝗 🗡24~35㎜。⏱6~10月(秋季)。🌿各种植物。胸部具有凹凸不平的凸起，形似蟾蜍背部。雌性比雄性肥大，容易区分。

蝗科

蝗科

中华稻蝗 ✎21~36mm。🕐8~10月(秋季)。🌿禾本科植物。身体呈绿色或褐色等，颜色多样化，常停息在水田和旱田周边的地表或草叶上。

中华蚱蜢 ✎40~80mm。🕐7~11月(秋季)。🌿禾本科植物。细长的后腿同时折起，仿佛舂米一般上下移动。

斑腿蝗科

斑翅蝗科

玛安秃蝗 ✎25~35mm。🕐6~9月(夏季)。🌿各种植物。身体呈绿色，腹部末端部位向上翘起。

尘尖翅蝗 ✎14~29mm。🕐8~10月(秋季)。🌿各种植物。身体呈褐色，点状花纹较多，又被称为"斑点蝗"，栖息在水边。

锥头蝗科

长额负蝗 🖊20~42mm。🕐6~11月(秋季)。
🍃各种植物。头部尖细，呈圆锥形，在耕地旁的草地上很常见。

蚱科

日本蚱 🖊7~13mm。🕐3~11月(春季)。🍃各种食物。身体非常短，由于翅膀短，无法飞行，依靠跳跃移动。

蚱科

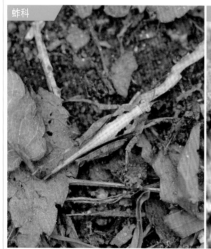

长盾蚱 🖊6~9mm。🕐3~11月(夏季)。🍃各种植物。身体细长，翅膀较长的长翅型长盾蚱居多，常在草地上跳跃移动。

蚤蝼科

日本蚤蝼 🖊5~5.5mm。🕐4~10月(夏季)。🍃各种植物。身体呈黑色，散发光泽，栖息于水边的地表及耕地草丛中。

124

朝鲜疾灶螽 🖊 18~21mm。🕐 7~10月(秋季)。🍃 小型昆虫、植物。身体呈深褐色，散发光泽，身体蜷曲，形似罗锅。

温室灶螽 🖊 15~22mm。🕐 7~10月(秋季)。🍃 小型昆虫、植物。身体具有较多斑斑点点的花纹，常见于住宅的花坛附近。

乌苏里拟疾灶螽 🖊 10.5~13.5mm。🕐 7~10月(秋季)。🍃 小型昆虫、植物。身体呈黑色，栖息于落叶或石头等湿气较重处。

单色灶螽 🖊 14~22mm。🕐 7~10月(秋季)。🍃 小型昆虫、植物等。常在林中潮湿的地表或腐木周边寻找食物及活动。

螽斯科

暗褐蝈螽

〔33~45mm〕。☼ 7~10月(秋季)。🍃小型昆虫、植物。身体呈绿色，翅膀极短不超过腹部。由于体肥，又被称作"猪暗褐蝈螽"，在草丛中发出"唧唧"的鸣叫声。

螽斯科

乌苏里拟寰螽

〔25~30mm〕。☼ 8~10月(秋季)。🍃小型昆虫、植物。身体呈暗褐色，但腹部下端呈亮绿色。前翅互相摩擦发声，常见于山路上。

螽斯科

小翅螽

✐ 22~32mm。 ☉6~9月(夏季)。 ✜ 小型昆虫、植物。 **身体呈黑褐色，前翅极短。眼睛后方两侧具有鲜明白色条纹，前胸背板边缘具有白色条纹。**

草螽科

豁免草螽

✐ 25~52mm。 ☉8~10月(秋季)。 ✜ 小型昆虫、植物。 **身体呈绿色，背部呈浅褐色。雌性的产卵管长于身体。常停息于草叶上片刻后跳跃。**

螽斯科

蟋蟀科

黑角露螽 ✐ 28~35mm。⏱ 6~11月(秋季)。
🍃 各种植物。触角与后腿呈黑色，常见在地表缓缓爬行。

长瓣树蟋 ✐ 11~20mm。⏱ 8~10月(秋季)。
🍃 各种植物。草地中多种植物皆为其食物，常见于山路周边区域。

蟋蟀科

成虫　　　　　　　　　　　　　　　若虫

黄脸油葫芦
✐ 26~40mm。⏱ 8~11月(秋季)。🍃 小型昆虫、植物。身体呈黑褐色，头部具有眉毛一般的白色条纹，在草丛中"唧唧"鸣叫。若虫身体中央白色条纹明显。

128

蟋蟀科

蟋蟀科

蛮棺头蟋 🖊13~16mm。☀️8~10月(秋季)。
🍴小型昆虫、植物。常疾行于草丛周边潮湿的地表，喜好聚集在光源周边。

日本纤蟋 🖊9~12mm。☀️8~10月(秋季)。
🍴小型昆虫、植物。前翅极短，因此无法摩擦发声。

蟋蟀科

蟋蟀科

西伯利亚田蟋 🖊16~18mm。☀️4~10月(秋季)。🍴小型昆虫、植物。身体呈黑色，前翅极短，若虫越冬。

多伊棺头蟋 🖊16~21mm。☀️8~10月(秋季)。🍴小型昆虫、植物。头部形似犄角，又被称作"犄角蟋"，常发出"唧唧"的鸣叫声。

蝼蛄科

东方蝼蛄

✎ 30~35mm。 🕐 5~10月(夏季)。 🍴 小型昆虫、植物。前腿形似掘土机，善于瞬间刨土，又被称作"田鼠蝼蛄"。擅长游泳。

脉翅目> 螳蛉科

蛇蛉目> 盲蛇蛉科

日本螳蛉 ✎ 8~17mm。 🕐 7~8月(夏季)。 🍴 日本红螯蛛卵巢(幼虫)。形似螳螂，故此得名。

日本盲蛇蛉 ✎ 10mm左右。 🕐 5~9月(夏季)。 🍴 小型昆虫(成虫)。捕食小型昆虫，幼虫在树皮下越冬。

长翅目>蝎蛉科

蜚蠊目>姬蠊科

角蝎蛉 ✐ 12~14㎜。⏰ 5~6月(春季)。🍴 蝴蝶类幼虫等(成虫)。 喙长，翅宽，常见在 地表或草叶上停歇。

日本姬蠊 ✐ 12~14㎜。⏰ 4~10月(夏季)。 🍴 杂食性。 外形类似车轮，栖息于山中， 善于分解朽木。

姬蠊科

成虫

若虫

德国小蠊
✐ 11~15㎜。⏰ 全年(夏季)。🍴 杂食性。 疾行于污染处，可传播病菌，是有超强繁殖能力和 生存能力的害虫。若虫与成虫不同，翅膀较硬且不发达。

131

螳螂目 > 螳螂科

中华刀螳

68~95mm。 7~11月(秋季)。 昆虫等。身体比螳螂粗，前胸下端有黄色点状花纹，另有刀螳呈橘黄色。

螳螂科

棕污斑螳

40~58mm。 8~10月(秋季)。 昆虫等。身体呈灰褐色或黑褐色，属体形较小种类，前腿和前胸下端有黑色带状花纹。

蜚蠊目>蜚蠊科

黑胸大蠊 ✐25~40mm。⊕4~10月(夏季)。🍴杂食性。身体呈黑褐色，聚集在树脂或腐木上，常在夜晚出没。

革翅目>蠼螋科

蠼螋 ✐24~30mm。⊕4~10月(夏季)。🍴小型昆虫、动物尸体等。鞘翅上有赤色带状花纹，栖息于耕地及河川周边。

民蠼螋科

缘瘤蠼螋

✐15~20mm。⊕4~11月(夏季)。🍴小型昆虫、动物尸体等。身体呈黑色，腹部越靠近末端越肥。雄性的尾铗弯曲成圆形。

雄性　　　　　　　　　　　　　雌性

133

球螋科

雄性

雌性　　　　　　　　　　　　　　　　　　若虫

考氏敬球螋

🗡 15~22mm。 🕐 4~11月(夏季)。 🍴 小型昆虫、各种植物等。身体呈黑褐色，尾铗的长度是韩国球螋种类中最长的。雄性的尾铗长度是雌性的2倍左右。

球蝾科

雄性　　　　　　　　　　雌性

日本张铗蝾
✐16㎜左右。☻5~9月(夏季)。☙小型昆虫、动物尸体等。身体呈暗褐色，成虫在石头和落叶下越冬。雄性的尾铗比雌性更为圆曲，内侧有小凸起。

衣鱼目 >衣鱼科

石蛃目 >石蛃科

长尾栉衣鱼　✐11~13㎜。☻6~11月(夏季)。☙天然纤维等。身体呈银色，栖息于阴暗、潮湿、温暖处，啃噬衣料。

绿哈蛃　✐10~15㎜。☻4~10月(夏季)。☙苔藓类、腐烂水果等。栖息于石头缝、落叶、树缝中，有3条长尾巴。

135

异斑紫天牛

136

叶上遇见的昆虫

鞘翅目>叶甲科

赭色负泥虫 ✍ 5.4~6.1mm。🕐 4~9月(春季)。🌿山药等。黑色点状花纹在前胸背板上分布有4个，在鞘翅上有4个或2个。

叶甲科

红胸负泥虫 ✍ 6~8.2mm。🕐 5~8月(春季)。🌿山药等。头与前胸背板呈红色，鞘翅呈青色，一年繁殖2次。

叶甲科

蓝负泥虫 ✍ 5~6.5mm。🕐 4~9月(夏季)。🌿鸡肠草等。身体呈青蓝色，触角与腿呈黑色，成虫越冬。

叶甲科

鸭跖草负泥虫 ✍ 5.5~6.2mm。🕐 4~8月(夏季)。🌿鸡肠草等。身体呈赤褐色，成虫越冬，一年繁殖2~3次。

叶甲科

红带负泥虫 ✍ 4.3~4.5mm。🕐 4~7月(夏季)。🌿鸡肠草等。身体呈红色，鞘翅上有2条宽青色条纹。

叶甲科

盾负泥虫 ✍ 5.6~5.8mm。🕐 5~7月(夏季)。🌿鸡肠草等。身体呈赤褐色，鞘翅两侧边缘有蓝色花纹。

十四点负泥虫 ✎ 6~7mm。🕐 5~6月(春季)。🌿 芦笋等。 鞘翅呈赤褐色，有5对黑色点状花纹。

斑肩负泥虫 ✎ 8.5~9.5mm。🕐 5~7月(夏季)。🌿 鸡肠草等。 身体呈黑色，鞘翅两侧有红色或黄色花纹。

驼负泥虫 ✎ 7~9mm。🕐 4~5月(春季)。🌿 百合科植物等。 鞘翅上具有较多凹陷的点状花纹，令人联想到面包花。

艾蒿隐头叶甲 ✎ 4~5.2mm。🕐 5~7月(春季)。🌿 艾蒿等。 身体呈黑色，圆筒状，鞘翅上有6个黄色粗点状花纹。

黑额光叶甲 ✎ 4.8~5.5mm。🕐 4~10月(夏季)。🌿 芒草等。 鞘翅上具有橘黄色带状花纹，常见于板栗树周边。

蔷薇隐头叶甲 ✎ 3.5~4.5mm。🕐 5~8月(夏季)。🌿 栗子树、麻栎等。 身体呈圆筒状，散发绿色光泽，如同宝石般美丽。

肖叶甲科

基本形　　　　　　　　　　　　　　　　　　　　异形

甘薯肖叶甲
🗡5.3~6㎜。⏱6~7月(夏季)。🍃红薯、日本打碗花等。身体呈青绿色，幼虫啃噬红薯的块茎，破坏红薯生长。也存在赤铜色的异形。

肖叶甲科　　　　　　　　　　　　　　叶甲科

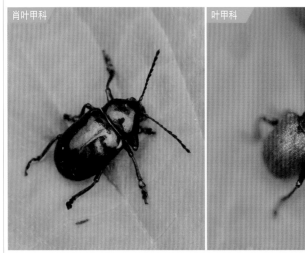

中华萝藦叶甲 🗡11~13㎜。⏱5~8月(夏季)。🍃萝藦、红薯等。身体呈圆形，散发青蓝色光泽，非常美丽。

葡萄叶甲 🗡5~5.5㎜。⏱7~10月(夏季)。🍃葡萄等。身体与前胸背板、腿呈黑色，鞘翅呈赤褐色。

叶甲科

叶甲科

褐足角胸叶甲 🗡 3~4.5㎜。⏱ 6~8月(夏季)。🍃艾蒿等。 鞘翅呈绿色，前胸背板呈黄色、蓝色、红色等多种颜色。

柳蓝叶甲 🗡 3.3~4.4㎜。⏱ 5~11月(春季)。🍃柳树等。 身体呈深青蓝色，摇晃柳树时会纷纷掉落。

叶甲科

成虫　　　　　　　　　　　幼虫

蓼蓝齿胫叶甲
🗡 5.2~5.8㎜。⏱ 3~5月(春季)。🍃羊蹄等。 身体呈黑青色，成虫越冬后在皱叶酸模叶片上交配并产卵。幼虫啃噬皱叶酸模叶片成长。

叶甲科

东方油菜叶甲
🗡 5.5~6㎜。⏱ 5~6月(春季)。🍃藊蓄等。 身体呈橘黄色，由于鞘翅及前胸背板上的粗条黑青色花纹，显得身体整体仿佛围绕着红色边缘。啃噬柳树生存。

叶甲科

成虫

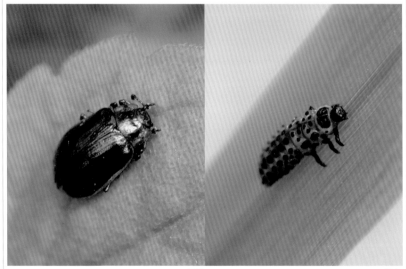

异形 　　　　　　　　　　　　　幼虫

柳二十斑叶甲

🗡 6.8~8.5㎜。⏱ 4~7月(春季)。🌿 柳树等。黄褐色的鞘翅上有20个黑色点状花纹，形似瓢虫。根据个体的不同会有所变异，幼虫具有更多的点状花纹。

叶甲科

蒿金叶甲　基本形　异形

蒿金叶甲

✐ 7~10mm。⏱ 4~11月(秋季)。🍃 艾蒿等。有赤铜色、黑青色、青铜色等变异。卵越冬，3月孵化并开始活动，10月进行交配，较为常见。

叶甲科

薄荷金叶甲　✐ 7.5~9mm。⏱ 4~11月(春季)。🍃 薄荷等。鞘翅上的凸起排列成条，夏季休眠，秋季常见。

叶甲科

杨叶甲　✐ 10~12mm。⏱ 5~9月(夏季)。🍃 柳树、辽杨等。红色的鞘翅引人注目，成虫越冬。

叶甲科

叶甲科

梨叶甲　　　　　　　　　　　　　　　　基本形　　　　　　　　　　异形

✎ 8~10㎜。⏱ 4~10月(春季)。🍃沙梨等。身体呈黑色，鞘翅上有12个红色点状花纹。另有异形，由于红色点状花纹较多，整体外形呈现红色。

叶甲科

绿条金叶甲　✎ 11~15㎜。⏱ 6~9月(夏季)。🍃风轮菜、紫苏等。在散发绿色光泽的身体上有着红色条状花纹，非常美丽。

十星瓢萤叶甲　✎ 10~14㎜。⏱ 7~10月(夏季)。🍃葡萄等。身体呈黄色，鞘翅上有10个圆形黑色大点状花纹。

叶甲科

成虫　　　　　　幼虫

等节臀萤叶甲

🗡5.7~7.5mm。⏱4~8月(春季)。🍃赤杨等。身体呈深蓝色，成虫越冬，在赤杨类树木上产10个左右的卵。幼虫呈黑青色，啃噬叶肉生存。

叶甲科

多脊萤叶甲　🗡10~11mm。⏱6~10月(夏季)。🍃大蓟菜、蜂头菜等。身体呈黑褐色，鞘翅上有多条条纹。

叶甲科

玉米异跗萤叶甲　🗡4.5~5.8mm。⏱6~8月(夏季)。🍃紫苏、薄荷、小叶等。头部呈褐色，鞘翅呈青绿色，卵越冬。

叶甲科

二纹柱萤叶甲

🗡7.5~9.5mm。⏱3~8月(春季)。🍃小酸模、扛板归等。身体呈黑色，鞘翅上有3个清晰的黄色带状花纹，大小变异较大。5~6月产卵。

叶甲科

黄胸绿叶甲 📏5.8~7.8mm。🕐6~10月(夏季)。🌿狗枣猕猴桃等。身体散发青绿色光泽，成虫越冬。

叶甲科

黑足黑守瓜 📏5.8~6.3mm。🕐4~11月(夏季)。🌿豆子等。身体呈黄褐色，鞘翅呈黑色，成虫越冬，4月再次出现。

叶甲科

斑角拟守瓜 📏5~5.7mm。🕐4~11月(夏季)。🌿栝楼、绞股蓝等。鞘翅上有3个黑色点状花纹，但有的没有中央部位的圆点。

叶甲科

钟形绿萤 📏5~6mm。🕐5~9月(夏季)。🌿柳树、辽杨等。身体呈黄褐色，成虫越冬，5月出现并产卵。

叶甲科

外来广聚萤叶甲 📏7mm 左右。🕐5~10月(夏季)。🌿猪草、枫叶猪草等。身体呈亮灰褐色，具有深褐色纵向条纹。

叶甲科

菱小萤叶甲 📏4.8~6mm。🕐4~8月(夏季)。🌿菱角、莼菜等。身体呈暗褐色，成虫在莲池周边枯叶中越冬。

叶甲科

四斑长跗萤叶甲 ⟋3.6~4mm。⏰4~7月(夏季)。🍴艾蒿、紫苏、豆子、白车轴草、白菜等。鞘翅上有1对浅黄色点状花纹。

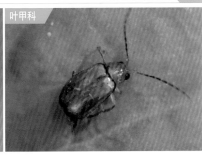

叶甲科

史氏长跗萤叶甲 ⟋3~4mm。⏰4~10月(秋季)。🍴野茉莉等。身体呈黄褐色,黑色的眼睛显得极为凸出。

叶甲科

褐背小萤叶甲 ⟋3.7~5.2mm。⏰4~11月(夏季)。🍴皱叶酸模等。身体呈暗褐色,成虫越冬,4月产下10~30颗卵。

叶甲科

萝藦凸胸跳甲 ⟋5~6mm。⏰5~6月(春季)。🍴萝藦等。身体呈黑色,鞘翅呈赤褐色,6月产下橙黄色的卵。

叶甲科

朝鲜凹唇跳甲 ⟋4.5mm左右。⏰4~9月(夏季)。身体圆滚,腿短,外形类似瓢虫,但长长的触角令其能够明显与瓢虫相区分。

叶甲科

蓝色九节跳甲 ⟋3.2~4mm。⏰4~11月(春季)。🍴花粉(成虫)。身体散发黑青色光泽,后腿粗壮,如跳蚤一般跳跃前行。

叶甲科

叶甲科

显密点跳甲 ✎8.5~11mm。🕐6~10月(夏季)。🍴毛漆树、盐肤木等。赤褐色的鞘翅上有白色花纹,后腿极粗。

黄曲条跳甲 ✎2~2.5mm。🕐3~11月(夏季)。🍴萝卜、白菜等。身体呈黑色,鞘翅上有黄色条状花纹,成虫越冬。

叶甲科

叶甲科

蛇莓跳甲 ✎3.5~4mm。🕐4~11月(夏季)。🍴草莓、蛇莓等。身体呈黑青色或青绿色,后腿粗壮,擅长跳跃。

油菜蚤跳甲 ✎3mm左右。🕐4~11月(夏季)。🍴白菜、芥菜等。身体呈黑色,成虫在杂草或落叶下越冬。

叶甲科

距甲科

月见草跳甲 ✎2.8~3.8mm。🕐3~11月(夏季)。🍴柳兰、月见草等。身体呈黑青色、青绿色、青铜色等,非常多样化。

双色瘤胸叶甲 ✎4.7~5mm。🕐5~7月(春季)。🍴席氏卫矛、卫矛等。头部与胸部呈黑色,鞘翅呈赤褐色。

铁甲科

锯齿叉趾铁甲 🖊3.3~4.2㎜。🕐4~11月
(夏季)。🌿樱花树、桲栎等。身体呈深褐
色，幼虫栖息于草叶中。

铁甲科

大锯齿叉趾铁甲 🖊5~5.2㎜。🕐4~7月(夏
季)。🌿蜂斗菜、日本马兰等。身体呈黑褐
色，比锯齿叉趾铁甲的身体更长。

铁甲科

锯肩叉趾铁甲 🖊4.5~5.6㎜。🕐4~10月(夏
季)。🌿桲栎等。身体呈黑色，鞘翅上具有
尖锐的刺。

铁甲科

黑条龟甲 🖊5.7~8.7㎜。🕐6~8月(夏季)。
身体呈赤褐色，幼虫背负排泄物爬行，并
以此御敌。

铁甲科

铁甲科

甜菜大龟甲 🖊6.3~7.2mm。🕐4~7月(夏季)。🌿藜、白藜等。身体呈浅褐色，鞘翅上具有较多黑色点状花纹。

藜龟甲 🖊5~5.5mm。🕐4~10月(夏季)。🌿尖叶牛膝、凹头苋等。身体呈赤褐色，成虫越冬，一年出现2次。

铁甲科

铁甲科

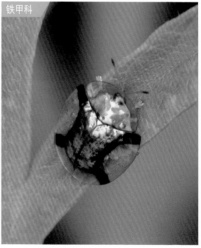

密点龟甲 🖊7~8.5mm。🕐4~7月(夏季)。🌿大蓟菜等。身体呈浅绿色，成虫越冬，5月产卵。

平顶梳龟甲 🖊6.2~7.2mm。🕐4~11月(夏季)。🌿日本打碗花等。鞘翅散发金黄色光泽，是甜菜大龟甲中最为美丽的种类。

铁甲科

双枝尾龟甲 　　　　　　　　　　　　　成虫　　　　　　　　　　幼虫

📏 7.8~8.5mm。⏱ 4~8月(春季)。🍃 日本紫珠等。外形与金龟相似。幼虫为保护自身，将排泄物与蜕皮背负在身上移动。

铁甲科

路氏尾龟甲 　📏 5.2~6.8mm。⏱ 5~8月(春季)。🍃 小蜡树、水蜡树等。身体呈黄褐色，在树叶背面产卵。

铁甲科

暮龟甲 　📏 4.7~6.7mm。⏱ 4~7月(春季)。🍃 钝齿铁线莲等。身体呈暗褐色，幼虫背负排泄物的状态下成蛹。

天牛科

天牛科

毛角多节天牛 〈11~17mm。⊙5~7月(春季)。⑧一年蓬、大蓟菜等。身体呈青色，长圆形，触角上有黑色团状绒毛。

麻竖毛天牛 〈10~15mm。⊙6~7月(夏季)。⑧艾蒿等。身体呈黑色，鞘翅接缝处与两侧有明显灰白色条纹。

天牛科

天牛科

黄纹小筒天牛 〈8~11mm。⊙5~7月(夏季)。⑧胡桃楸等。身体呈黑色，有黄色纵向条纹，常飞落在枯木上。

菊小筒天牛 〈6~9mm。⊙5~6月(春季)。⑧艾蒿、菊花等。身体呈黑色，前胸背板有红色花纹，在茎干中产卵。

天牛科

双簇污天牛 〔19~25㎜。 4~10月(夏季)。 麻栎、栗子树等。斑斑点点的鞘翅形似蟾蜍背部。

天牛科

蓝金天牛 〔6~8㎜。 4~7月(春季)。身体呈蓝色,前胸背板呈赤褐色,春季常聚集在盛开的各种鲜花上。

天牛科

东北驼花天牛 〔4~6㎜。 5~7月(春季)。花粉等(成虫)。身体呈黑色,褐色的鞘翅上有2对黄色小点状花纹。

天牛科

日本竿天牛 〔7~12㎜。 5~7月(夏季)。身体呈黑褐色,长圆筒形,触角长度是身体的3倍。

天牛科

双带粒翅天牛

✎ 24~35mm。☉ 6~8月(夏季)。🌿 麻栎类枯木(幼虫)。身体呈浅黑褐色，鞘翅上有2条横向宽条纹。腿部力量强大，擅长挺立。

天牛科

帽斑紫天牛

✎ 17~23mm。☉ 5~6月(春季)。🌿 茶条械花朵等(成虫)。身体呈黑色，红色鞘翅上有帽子形状的黑色花纹，不同个体有不同的变异花纹。

天牛科

阿尔泰天牛
🖊14~19mm。⏱5~6月(春季)。🌿枫树、蜡树等(幼虫)。身体呈黑色，红色的鞘翅上有椭圆形黑色花纹。常聚集在茶条槭或枫树上。

天牛科

基本形(黑色)　　　　　　　　　　　　　　　　　　异形(赤褐色)

橡黑花天牛
🖊12~17mm。⏱5~8月(春季)。🌿赤杨、银山杨等(幼虫)。身体呈黑色或赤褐色，常停息在草叶上。聚集在低山地草丛的花朵上吸食花粉。

天牛科

天牛科

赤杨伞花天牛 ✐12~22㎜。☾5~9月(春季)。🐛松树枯木等(幼虫)。鞘翅与前胸背板呈红色，常停息在草叶上。

曲纹花天牛 ✐12~18㎜。☾5~8月(春季)。🐛毛赤杨等(幼虫)。身体呈黑色，鞘翅上有黄色花纹。

天牛科

天牛科

黑缘筒天牛 ✐12~19㎜。☾5~7月(春季)。头部与触角呈黑色，赤褐色的前胸背板两侧有黑色斑点。

樟暗红天牛 ✐15~18㎜。☾6~8月(夏季)。🐛栗子树、星毛珍珠梅花朵等(成虫)。粗粝的触角好似锯子一般，常停息在树叶上。

天牛科

天牛科

黄纹虎天牛 🖊 8~19mm。⏱ 5~8月(夏季)。🍴 小米空木、栗子树等的花朵(成虫)。身体呈圆筒状，鞘翅上有黄色条纹。

暗色蚱虎天牛 🖊 6~11mm。⏱ 5~7月(夏季)。🍴 桦树等的枯木(幼虫)。身体呈黑色，鞘翅上有灰白色花纹。

天牛科

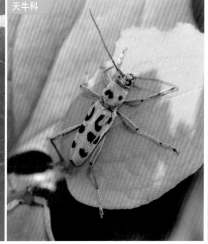

天牛科

细足艳虎天牛 🖊 6~11mm。⏱ 6~8月(夏季)。身体呈黑色，与身体相比，腿尤其长，能够疾速爬行。

类似绿虎天牛 🖊 10~13mm。⏱ 6~7月(夏季)。🍴 小米空木花朵等(成虫)。鞘翅和前胸背板上分别有6个和2个黑色花纹。

瓢虫科

黄色形(多个点的基本形)　　　　　　　　　　　　　　黄色形(多个粗点)

黄色形(多个小点)　　　　　　　　　　　　　　　　　幼虫

蛹　　　　　　　　　　　　　　　　卵

异色瓢虫

5~8mm。3~11月(春季)。蚜虫等。身体呈黄色或橘黄色，鞘翅上有黑色点状花纹。
幼虫呈黑色，腹节粗，且具有长条形橘黄色花纹。

158

瓢虫科

红色形(多个点的基本形)　　　　　　　　红色形(多个点且中央的点粗大)

红色形(多个点相连且中央的点粗大)　　　　　　　　红色形(多个小点)

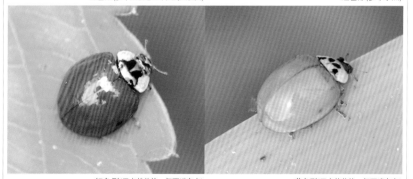

异色瓢虫　　　红色形(无点状花纹, 仅两端有点)　　　黄色形(无点状花纹, 仅两端有点)

🕮 5~8mm。⏱ 3~11月(春季)。🍴蚜虫等。身体呈红色, 鞘翅上有19个圆形黑点, 不同个体具有多样化变异, 点状花纹大小及数量均不同。

159

瓢虫科

黑色形(2个红点)　　　　　　　　　　黑色形(2个非圆形的红点)

黑色形(4个红点)　　　　　　　　　　黑色形(整体都是红色点)

黑色形(2个黄点)　　　　　　　　　　黑色形(4个黄点)

异色瓢虫

🖊 5~8mm。🕐 3~11月(春季)。🐾 蚜虫等。黑色形异色瓢虫身体呈黑色，鞘翅上有2个或4个红色或黄色的点状花纹。

160

瓢虫科

基本形(红色)　　　　　　　　　　　　　异形(橘黄色)

异形(黄色，羽化之后)　　　　　　　　　　　　　幼虫

七星瓢虫

⚐ 5~8.5mm。☺ 3~11月(春季)。🐛 蚜虫等。鞘翅呈红色或橘黄色，有7个黑色点状花纹。幼虫的前胸背板和腹节各有4个橘黄色点状花纹。

瓢虫科

成虫　　　　　　　　　　　　　　　　异形(较宽的黑色花纹)

幼虫　　　　　　　　　　　　　　　　蛹

奇变瓢虫

✎ 8~13mm。⏱ 4~7月(春季)。🍴叶甲虫等。红色鞘翅上具有黑色带状花纹，形似金龟。幼虫捕食叶甲虫类的幼虫。

瓢虫科

成虫(橘黄色)　　　　　　　　　　　　　　　　异形(黄色)

异形(4个点)　　　　　　　　　　　　　　　　异形(2个点)

异形(黑色)　　　　　　　　　　　　　　　　幼虫

龟纹瓢虫

🖊3~4.5mm。 ⏰4~10月(春季)。 🐛蚜虫等。 身体呈黄色或橘黄色，鞘翅上有黑色点状花纹，不同个体具有多样化变异。幼虫身体中央的黄点排列成条状。

瓢虫科

灰眼斑瓢虫 ✏️ 7~9mm。🕐 4~6月(春季)。🐛 大蚜虫(幼虫)。鞘翅两端白色斑点中的黑色斑点形似月晕。

瓢虫科

华日星瓢虫 ✏️ 4.3~5.6mm。🕐 6~8月(夏季)。🐛 蚜虫等。鞘翅上有11个黑色点状花纹，栖息于湿地或河川周边。

瓢虫科

十四星瓢虫 ✏️ 5~6mm。🕐 5~7月(春季)。🐛 木虱等。身体呈黄褐色，鞘翅上有14个黄色点状花纹。

瓢虫科

四斑裸瓢虫 ✏️ 4~6mm。🕐 4~10月(秋季)。🐛 蚜虫等。身体呈橘黄色，前胸背板有4个白色点状花纹。

瓢虫科

柯氏素菌瓢虫 ✏️ 3.5~5mm。🕐 4~10月(夏季)。🐛 白粉菌等。鞘翅呈黄色，前胸背板有2个黑色点状花纹。

瓢虫科

展缘异点瓢虫 ✏️ 3.8~4.1mm。🕐 5~7月(夏季)。🐛 蚜虫等。身体呈黄色，鞘翅上有19个黑色点状花纹。

瓢虫科

十三星瓢虫 📏5.5~6mm。⏱5~7月(夏季)。
🍃蚜虫等。鞘翅上有13个黑色点状花纹，
栖息于江边及湿地。

瓢虫科

端尖食植瓢虫 📏4~5.5mm。⏱5~6月(春季)。🍃蜡树、水蜡树等。身体呈黄褐色，
鞘翅上有10个黑色点状花纹。

瓢虫科

成虫

幼虫

马铃薯瓢虫
📏7~8.5mm。⏱4~10月(夏季)。🍃土豆、茄子等。身体呈黄褐色，鞘翅上有28个黑色点状
花纹。幼虫呈黄色，全身具有尖锐的刺。

165

瓢虫科

瓢虫科

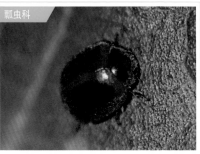

澳洲瓢虫 ⌀3.5~4mm。☀4~10月(夏季)。
☘吹绵蚧壳虫等。身体呈赤褐色，鞘翅上
有斑斑点点的黑色花纹。

红环瓢虫 ⌀4.5~5.5mm。☀4~5月(春季)。
☘蜡蚧等。身体呈黑色，鞘翅边缘有红色
花纹，故此得名。

瓢虫科

成虫   幼虫

红点唇瓢虫
⌀3.6~4.3mm。☀3~11月(春季)。☘蜡蚧(幼虫)。身体呈黑色，鞘翅上有1对圆形红色花纹。
幼虫呈黑褐色，身体布满尖锐的刺。

瓢虫科

黑缘红瓢虫
⌀5.8~7.2mm。☀3~11月(春季)。☘蜡蚧等。身体呈黑色，红色点状花纹布满鞘翅。成虫越
冬，具体的状态不详。

卷象科

雄性　　　　　　　　　　雌性

摇篮　　　　　　　　　　卵

栗卷象

🖊 8~12mm。 ⏱ 5~8月(春季)。 🍃 麻栎、赤杨等(幼虫)。 身体呈赤褐色，头部细长，类似鹅。
将树叶卷起做成摇篮，产下1~3颗卵。

卷象科

榛卷象   成虫   摇篮

✐6~7.5㎜。☺5~8月(夏季)。🌿日本榛、毛赤杨、柞栎等(幼虫)。**头部呈黑色，鞘翅呈红色。将树叶卷起做成摇篮，产下1~2颗卵。**

卷象科

榆锐卷象   成虫   摇篮

✐6.5~7㎜。☺6~10月(夏季)。🌿榆树、榉树等(幼虫)。**身体呈橘黄色，鞘翅散发深蓝色光泽。将树叶的一半折断卷起做成摇篮。**

卷象科

成虫　　　　　　　　　　摇篮

黄腹细颈象
🖊3.5~5.5mm。⏱4~6月(春季)。🌿胡枝子、多花紫藤、葛藤等(幼虫)。身体呈黑色，腹部末端呈黄色，故此得名。做成摇篮后在其中产1~2颗卵。

卷象科

卷象科

栎卷象　🖊6.5~10mm。⏱5~9月(春季)。🌿赤杨、千金榆等(幼虫)。头部呈黑色，赤褐色的鞘翅上有较多舒展的深凹槽。

深红卷象　🖊6~7mm。⏱5~7月(春季)。🌿柳树类、蜡树类等(幼虫)。身体呈赤褐色，鞘翅有9条凹槽。

169

卷象科

黑胸卷象 的 3.5~5.5㎜。⏰ 6~7月(夏季)。🍃 茅莓、普斯伦莓叶委陵菜等(幼虫)。**身体呈黑色，外形类似黄腹细颈象，但腹部不是黄色。雌性头部远远大于雄性。**

雌性   雄性

卷象科

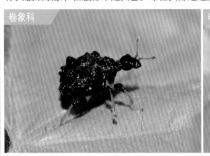

卷象科

宽肩象 的 5㎜左右。⏰ 6~7月(夏季)。🍃 朴树、榉树等(幼虫)。**身体呈黑色，鞘翅上有尖锐的凸起。**

苎麻卷象 的 6㎜左右。⏰ 6月(夏季)。🍃 苎麻、赤麻等(幼虫)。**身体呈黑色，鞘翅上有形似瘤子般的凸起。**

卷象科

锯齿象鼻虫科

蓝卷象 的 4~4.5㎜。⏰ 5~6月(春季)。🍃 麻栎类等(幼虫)。**身体呈暗青色，大腿前部有小凸起。**

葡萄绿卷象 的 4.4~4.6㎜。⏰ 5~7月(夏季)。🍃 葡萄、山葡萄等(幼虫)。**身体呈铜色，头部呈黑色，是葡萄的害虫。**

卷象科

卷象科

槭绿卷象 ✍5.5~8.5mm。🕐5~6月(春季)。🍃枫树类等(幼虫)。身体呈深绿色,闪闪发光,非常漂亮。

日本苹虎象 ✍7~10.5mm。🕐4~6月(春季)。🍃李子、梅子等(幼虫)。身体呈紫色,在水果表面打洞后产卵。

卷象科

成虫

卵(产在橡子内)

栎剪枝象 ✍7~10.5mm。🕐6~9月(夏季)。🍃橡子(幼虫)。身体呈黑色,具有坚硬的黄色绒毛。用长长的喙部在橡子上打洞,产卵后切断枝,使橡子坠落到地面。

象甲科

基本形　　　　　　　　　　　　　　　　　　　　　异形(脱毛)

细长筒喙象
✐10~12㎜。☀6~8月(夏季)。❀蓼等。身体细长，喙部长如象鼻。身体覆盖有赤褐色粉末，但长时间活动后，粉末掉落成为黑褐色。

象甲科

象甲科

斑点筒喙象 ✐6.5~12.5㎜。☀4~9月(夏季)。❀蓼等。身体极其细长，黑色身体被橘黄色粉末覆盖。

大蓟长足象 ✐8~10.5㎜。☀5~8月(夏季)。身体呈黑褐色，圆筒形，前胸背板有3条纵向橘黄色条纹。

象甲科

柞栎象 ✏️5.5~15mm。🕐4~9月(春季)。🍴栗子树、槲树等。身体呈黄褐色，鞘翅上具有较多黑褐色花纹。

象甲科

锯腿小栗象 ✏️1.8~2.7mm。🕐6~9月(夏季)。🍴麻栎类等。身体呈暗青色，鞘翅上有灰白色条纹。

象甲科

三叶草叶象 ✏️7.5~8mm。🕐4~10月(春季)。身体呈褐色，肥硕，成虫越冬，初春出现，常见于草地中。

象甲科

颗粒长毛象 ✏️8~12mm。🕐5~7月(春季)。🍴各种阔叶树。身体呈黑色，鞘翅末端及腿部绒毛较多。

象甲科

大绿象 基本形 异形(脱毛)

🖊 12~24㎜。⏱ 6~8月(夏季)。🍃 柳树类、胡枝子、蓼等。身体被浅绿色绒毛覆盖。活动过程中绒毛脱落,成为褐色,外观如同其他种类。

象甲科

象甲科

日本癞象 🖊 13~17㎜。⏱ 5~9月(春季)。🍃 葛藤等。身体呈灰白色,被褐色绒毛覆盖,鞘翅末端有凸起的瘤。

马甲象 🖊 6~10㎜。⏱ 4~9月(春季)。🍃 葛藤等。鞘翅上的黑色花纹如同韩服中的马甲,外形令人联想到熊猫。

象甲科

王喙象 🖊6.5~9.5㎜。🕐8~11月(秋季)。🍃栗子树、柞栎等。身体被绿色绒毛覆盖，喙部并不细长。

象甲科

喙象 🖊5.4~6㎜。🕐4~8月(夏季)。🍃麻栎、栗子树等。身体呈浅褐色，鞘翅上有较多黑色点状花纹。

象甲科

漆喙象 🖊5.5~6.8㎜。🕐4~8月(夏季)。🍃麻栎类等。身体被灰褐色绒毛覆盖，鞘翅上分散着点状花纹。

象甲科

秃象 🖊4.2~6㎜。🕐4~8月(夏季)。🍃木通等。身体呈褐色，分散有点状花纹，眼睛周围有鼓起。

象甲科

斑点刺毛象 🖊5~6.2㎜。🕐6~10月(夏季)。🍃扁柏类等。身体呈黄褐色，斑斑点点，鞘翅被毛茸茸的刺覆盖。

象甲科

矮胖刺毛象 🖊5~5.6㎜。🕐6~10月(夏季)。🍃柑橘等。复眼呈黑色，身体小却肥胖。

175

象甲科

胸沟小米象 2.5~2.8mm。 4~9月(夏季)。身体呈褐色，圆形，鞘翅上有白色花纹，身小似小米。

象甲科

葎草小米象 2.8~3.1mm。 4~9月(夏季)。 葎草等。身小似小米，需要用放大镜观察区分。

梨象科

日本梨象 2.8~3.1mm。 4~7月(春季)。 泥胡菜、大蓟菜、紫云英等。身体呈黑色，散发光泽，偏好聚集在花朵上。

长角象科

宽长角象 4.2~8mm。 4~10月(夏季)。 蘑菇等。身体呈黑色，鞘翅有白色绒毛，常聚集在树木上生长的蘑菇上。

长角象科

牛头长角象 3.7~6.2mm。 5~9月(夏季)。 野茉莉等。身体被黄褐色的绒毛覆盖，具有较多黑色点状花纹，触角很长。

豆象科

绿豆象 3.5mm左右。 全年(秋季)。 红豆等。身体呈赤褐色，触角形似锯子，前胸背板有2个白色点状花纹。

丽金龟科

基本形 异形(黑色)

东方丽金龟
🔖 8~13㎜。⏱ 3~11月(夏季)。🍃 草地、农作物根部(幼虫)。身体呈黄褐色,有黑色斑点花纹,触角形似三叉。异形身体呈黑色。

丽金龟科

褐条丽金龟 🔖 8~12.5㎜。⏱ 6~8月(夏季)。🍃 植物根部(幼虫)。身体呈淡褐色,前胸背板有2个清晰的黑色花纹。

丽金龟科

斑喙丽金龟 🔖 9~14㎜。⏱ 5~9月(夏季)。🍃 植物根部(幼虫)。身体被黄白色绒毛覆盖,以多种阔叶树的叶片为食。

丽金龟科

基本形 　　　　　　　　　　　　　　　　　异形(褐色)

琉璃弧丽金龟
📏 10~15mm。⏱ 4~10月(夏季)。🍃 植物根部(幼虫)。身体呈深蓝色，散发光泽，腹节两侧有白色绒毛形成的点状花纹。也有鞘翅呈褐色的异形。

丽金龟科

丽金龟科

棉花弧丽金龟 📏 10~13mm。⏱ 4~11月(夏季)。🍃 植物根部(幼虫)。身体呈深蓝色，外形似豆类。

中华弧丽金龟 📏 9~12mm。⏱ 5~10月(夏季)。🍃 植物根部(幼虫)。头部和前胸背板呈绿色，散发光泽，鞘翅呈褐色。

178

丽金龟科

丽金龟科

墨绿彩丽金龟 ✎15~23mm。☺4~11月(夏季)。🍂植物根部(幼虫)。身体呈绿色，具有较强的光泽，以阔叶树的枝叶和花朵为食。

脊绿丽金龟 ✎11~16mm。☺5~11月(夏季)。🍂植物根部(幼虫)。身体呈深绿色，具有光泽，鞘翅上有10条凹槽。

丽金龟科

丽金龟科

柳杉彩丽金龟 ✎14~20mm。☺5~11月(夏季)。🍂植物根部(幼虫)。鞘翅上有4条粗纹，以针叶树的叶片为食。

黑肩丽金龟 ✎8~11mm。☺4~10月(夏季)。🍂植物根部(幼虫)。头部和前胸背板呈黑色，鞘翅上具有较多黑色点状花纹。

丽金龟科

蜣螂科

矮黄异丽金龟 🖊16㎜ 左右。🕐5~10月(夏季)。🐛植物根部(幼虫)。身体散发绿色、黄绿色、青紫色等多种光泽，变异多种多样。

黄背金龟 🖊12~18㎜。🕐5~10月(夏季)。🐛植物根部(幼虫)。身体呈黄色，腹部散发铜色的光泽。

花金龟科

花金龟科

小青花金龟 🖊10~14㎜。🕐3~10月(春季)。🐛腐木(幼虫)。身体呈绿色，鞘翅上有白色点状花纹，但存在多种变异。

姬虎斑花金龟 🖊8~13㎜。🕐4~11月(春季)。🐛腐木(幼虫)。身体呈黑色，具有坚硬的黄色绒毛，形似老虎。

胖金龟科

绢金龟科

窄日胖金龟 〔4~7mm〕。 ⊙4~10月(春季)。 ⊛腐木(幼虫)。身体呈黑色，背板平宽，成虫在树皮下越冬。

条鹅绒金龟 〔6~8.5mm〕。 ⊙4~10月(夏季)。 ⊛植物根部(幼虫)。身体呈黄褐色，前胸背板上有2条纵向粗条纹。

鳃金龟科

基本形

异形(黑褐色)

红足平爪鳃金龟

〔7~10mm〕。 ⊙4~9月(夏季)。 ⊛植物根部(幼虫)。身体被黄褐色绒毛覆盖，常飞行觅花，停息在草叶上。存在脱毛后呈黑褐色的异形。

叩甲科

泥红槽缝叩甲　　　　　　　　　　　基本形　　　　　　　　　　异形(褐色)

🗡 9~12㎜。⏰ 4~6月(春季)。🐛 昆虫等(幼虫)。身体呈黑褐色，被橘黄色的绒毛覆盖。活动时绒毛脱落，会出现褐色等多种体色变异。

叩甲科

叩甲科

二瘤槽缝叩甲 🗡 12~16㎜。⏰ 5~10月(夏季)。🐛 小型昆虫(幼虫)。白色与黄褐色绒毛斑斑点点，外形类似铁生锈的状态。

角斑贫脊叩甲 🗡 4.5㎜左右。⏰ 4~9月(夏季)。身体呈赤褐色，鞘翅上有黑色花纹，身形较小。

叩甲科

黑梳爪叩甲 🖊17mm左右。⏱5~7月(夏季)。身体呈黑色，触角呈锯齿形，常见其停息在叶片上。

叩甲科

克拉兹叩甲 🖊8.5~12mm。⏱4~5月(春季)。身体呈黑色，细长，鞘翅中央有2个黄色点状花纹。

叩甲科

冠毛长身叩甲 🖊8~10mm。⏱5~8月(夏季)。身体非常长，头部与前胸背板呈黑色，有光泽，鞘翅呈褐色。

叩甲科

青铜叩甲 🖊15mm左右。⏱5~6月(夏季)。🌱植物根部、土豆块茎(幼虫)。身体呈黑色，散发青铜色光泽，幼虫生活在地底。

叩甲科

木棉梳角叩甲
〰 22~27㎜。🕐 4~6月(夏季)。🐛 昆虫等(幼虫)。身体呈深褐色，具有较多黄褐色点状花纹。在人们常见的叩甲类中体形最大，常在夜晚聚集在灯火附近。

叩甲科

黑泰光叩甲 〰 9~14㎜。🕐 7~8月(夏季)。
身体呈黄褐色，前胸背板中央和鞘翅两侧末端有黑色条纹。

叩甲科

深红锥胸叩甲 〰 10~12㎜。🕐 4~7月(春季)。身体呈黑色，鞘翅呈红色，常在阳光灿烂的春日飞行，停息在草叶上。

吉丁虫科

黄绿窄吉丁 🕛6.5~8㎜。⏱7~8月(夏季)。🍃植物茎干(幼虫)。身体呈绿色，纤细，鞘翅上有黑色花纹。

吉丁虫科

平足窄吉丁 🕛5.2~8.5㎜。⏱5~8月(夏季)。🍃植物茎干(幼虫)。身体呈黑色，鞘翅上有6个白色点状花纹。

吉丁虫科

柳潜吉丁 🕛3~4㎜。⏱4~5月(春季)。🍃柳树等。鞘翅呈黑青色，小型吉丁虫，常见于柳树叶片上。

吉丁虫科

斑点潜吉丁 🕛3~4㎜。⏱5~6月(春季)。🍃柞栎、蒙古栎等。具有坚硬的黄色、金色、银白色绒毛，外形斑斑点点。

花萤科

花萤科

黄异花萤 🖉 9~11mm。⏱ 5~6月(春季)。🍴蚜虫、叶甲虫类幼虫等(成虫)。**身体呈灰黄色，脚趾上有瘤状凸起。**

背点细颈花萤 🖉 10~15mm。⏱ 4~6月(春季)。🍴蚜虫、蚊等(成虫)。**身体呈灰黄色，头和前胸背板呈赤褐色。**

花萤科

花萤科

褐翅花萤 🖉 10~13mm。⏱ 5~6月(春季)。🍴蚜虫等(成虫)。头和前胸背板呈橘黄色，鞘翅呈黑色，捕食食物。

黑异花萤 🖉 7~9mm。⏱ 4~6月(春季)。🍴蚜虫等(成虫)。**身体呈黑色，前胸背板呈橘黄色，在草地中捕食。**

花萤科

红萤科

浅黄细颈花萤 🖊 10~13㎜。⏱ 4~ 6月(春季)。🍴蚜虫等(成虫)。**身体呈黄色,前胸背板与头部之间非常细。**

扁形大红萤 🖊 9~12㎜。⏱ 5~6月(春季)。🍴昆虫等(幼虫)。**身体呈黑色,鞘翅呈红色,触角形似梳齿。**

红萤科

红萤科

丝角红萤 🖊 5~9㎜。⏱ 4~7月(春季)。🍴昆虫等(幼虫)。**鞘翅呈黑红色,触角形似锯齿,常飞行于草地之间。**

朝鲜红萤 🖊 4.5~8㎜。⏱ 5~9月(夏季)。🍴昆虫等(幼虫)。**身体呈浅橘黄色,外形与散发光亮的萤火虫十分相似。**

囊花萤科

囊花萤科

长囊花萤 🖊5.2~5.8mm。⏱5~6月(春季)。
🍴昆虫等(成虫)。身体呈青绿色，鞘翅末端
有黄色花纹，捕食为生。

迁阿花萤 🖊4~5mm。⏱4~5月(春季)。🍴
昆虫等(成虫)。身体呈青蓝色，捕食平地和
山坡草地中的小型昆虫。

郭公虫科

郭公虫科

蚁形郭公甲 🖊7~10mm。⏱4~8月(夏季)。
🍴蛀木虫等(成虫)。鞘翅上有横向条状花
纹，外形似蚂蚁，故此得名。

软郭公甲 🖊10~12mm。⏱6~9月(夏季)。
🍴昆虫等(成虫)。身体细长，头与前胸背板
呈黑色，鞘翅呈黄褐色。

拟叩甲科

拟叩甲科

三点四拟叩甲 🖊 9.5~16mm。🕐 5~6月(春季)。身体呈青蓝色，前胸背板呈暗红色，有3个点状花纹。

红胸拟叩甲 🖊 5~6mm。🕐 5~6月(春季)。鞘翅散发蓝色光泽，前胸背板呈橘红色，故此得名。

伪瓢虫科

芫菁科

彩弯伪瓢虫亚洲亚种 🖊 4.7~5mm。🕐 3~10月(春季)。🍄 蘑菇、腐木(成虫) 外形与瓢虫十分相似，成虫越冬。

日本芫菁 🖊 9~22mm。🕐 6~8月(夏季)。🐝 切叶蜂寄生(幼虫) 身体呈浅黄色，只有腿部末端呈黑色，常聚集在草地和花朵上。

189

拟天牛科

黄胸粗腿拟天牛 　　　　　　　　　　　　　　雄性　　　　　　　　　　　　雌性

🖊8~12㎜。⏱4~6月(春季)。🍃普斯伦莓叶委陵菜、蒲公英等(成虫)。身体呈暗蓝色，前胸背板呈红色。雄性后腿腿节部位如同肌肉块一般粗壮，而雌性则纤细。

拟天牛科　　　　　　　　　　　　　　　　　　赤翅甲科

绿色拟天牛 🖊5~7㎜。⏱4~5月(春季)。🍃大蓟菜等(成虫)。身体散发绿色光泽，聚集在各种花朵上，以花粉为食。

黄赤翅甲 🖊8~12㎜。⏱6~9月(夏季)。🍃腐木(幼虫)。身体呈黑色，鞘翅呈橘红色，触角形似锯齿。

赤翅甲科

红赤翅甲 　　　　　　　　　　　　　　成虫　　　　　　　　　　　幼虫

🖊7~10㎜。⏱3~5月(春季)。🍃腐木(幼虫)。头部呈黑色，前胸背板与鞘翅呈红色，常在初春飞行。幼虫呈黄色，在树皮下越冬。

伪叶甲科

伪叶甲科

紫蓝角伪叶甲 📏 14~19mm。🕐 5~9月(夏季)。🍄 腐木(幼虫)。身体呈暗蓝色,细长,被较长的灰白色绒毛覆盖。

中国伪叶甲 📏 6~8mm。🕐 4~8月(夏季)。🍄 腐木(幼虫)。身体呈赤褐色,形似叶甲。

拟步甲科

沼甲科

中华垫甲 📏 6~8mm。🕐 4~8月(夏季)。🍄 腐木、蘑菇(幼虫)。身体呈黑色,鞘翅呈褐色,常聚集在花朵和草叶上。

日本沼甲 📏 4~7mm。🕐 4~8月(夏季)。身体浑圆,呈暗褐色或黄褐色,后腿粗壮如跳蚤,善跳跃。

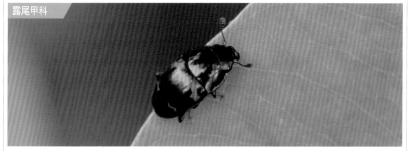

露尾甲科

四纹露尾甲 📏 5~7mm。🕐 5~9月(夏季)。身体呈黑色,具有光泽,形似长圆的卵。鞘翅上有2对鲜明的赤黄色花纹,具体状态与习性不详。

191

雌性

雄性

斐豹蛱蝶

✎ 60~70㎜。 ⏱ 7~10月(夏季)。 🌿 董菜类等(幼虫)。 斑斑点点的翅膀花纹类似豹纹。雌性前翅表面末端呈黑色，与雄性有较明显的区别。

蛱蝶科

豹蛱蝶

∅ 65~80mm。⏱ 6~9月(夏季)。🍃 堇菜类等(幼虫)。斑斑点点的翅膀花纹似豹纹,幼虫越冬。为了提高体温,常停息在草叶或山路上晒太阳。

蛱蝶科

蛱蝶科

大红蛱蝶 ∅ 50~65mm。⏱ 5~10月(夏季)。🍃 细叶荨麻等(幼虫)。敏捷地飞行于树林之间,衣蛾种类是其天敌。

黄钩蛱蝶 ∅ 54~63mm。⏱ 全年(春季)。🍃 葎草、啤酒花等(幼虫)。常停息在田野和河川等的植物叶片上,在葎草上产卵。

蛱蝶科

蛱蝶科

黑脉蛱蝶 ✐70~85㎜。⊙7~10月(夏季)。🍃朴树、狭叶朴等(幼虫)。疾速飞行于树木之间，幼虫越冬。

朴喙蝶 ✐40~50㎜。⊙3~10月(春季)。🍃朴树、狭叶朴等(幼虫)。喙似尖角，形长、突出，故此得名。

蛱蝶科

蛱蝶科

小环蛱蝶 ✐45~55㎜。⊙5~9月(夏季)。🍃歪头菜、葛藤、梧桐等(幼虫)。常停息在树叶上，是蛱蝶中最小也最常见的种类。

断眉线蛱蝶 ✐54㎜左右。⊙5~9月(夏季)。🍃金银忍冬、日本紫珠等(幼虫)。常聚集在青花椒等的花朵、溪谷等潮湿地、排泄物等处。

眼蝶科

蛇眼蝶 ✐50~65㎜。☀6~9月(夏季)。🍃芒草等(幼虫)。翅膀上的花纹形似眼睛，毫不停息地疾速飞行于草丛之中。

眼蝶科

多眼蝶 ✐50~60㎜。☀6~9月(夏季)。🍃禾本科、莎草科植物等(幼虫)。翅膀上有7对眼睛状花纹，常聚集在麻栎树树脂上。

眼蝶科

稻眉眼蝶 ✐40~50㎜。☀4~10月(夏季)。🍃稻子、紫芒等(幼虫)。翅膀上有大大小小的眼睛状花纹，以此惊吓走天敌。

眼蝶科

拟稻眉眼蝶 ✐40~50㎜。☀4~10月(春季)。🍃求米草、野青茅等(幼虫)。外形与稻眉眼蝶极其相似，故此得名。

灰蝶科

灰蝶科

黄栅灰蝶 〔35~42㎜。⏰5~7月(夏季)。🍃 麻栎类等(幼虫)。翅膀呈橘色,常停息在叶片上,卵越冬。

栅灰蝶 〔40~55㎜。⏰6~7月(夏季)。🍃 柞栎、槲树等(幼虫)。翅膀上有较多黑色花纹,卵越冬。

灰蝶科

灰蝶科

翠艳灰蝶 〔30~40㎜。⏰6~8月(夏季)。🍃 麻栎类等(幼虫)。雄性的翅膀表面呈青绿色,雌性呈黑褐色。

耀金灰蝶 〔35~42㎜。⏰7~8月(夏季)。🍃 麻栎类等(幼虫)。雄性的翅膀呈黄绿色,栖息于麻栎林中,卵越冬。

灰蝶科

翅膀腹面　　　　　　　　　　　　　　翅膀表面

红昙灰蝶

⬤ 27~35mm。 ⊙ 4~10月(春季)。 ⊛小酸模、皱叶酸模等(幼虫)。翅膀呈橘黄色，光泽美丽耀眼，常停息在叶片上。吸食各色花朵的花蜜，幼虫越冬。

灰蝶科

翅膀腹面　　　　　　　　　　　　　　翅膀表面

蓝灰蝶

⬤ 20~30mm。 ⊙ 4~10月(春季)。 ⊛鸡眼草、山野豌豆等(幼虫)。轻快地飞行于草丛间，常停息在草叶上。常半开翅膀晒太阳，蛹越冬。

197

灰蝶科

灰蝶科

巴青灰蝶 🦋30~35mm。⏱6~8月(夏季)。🐛柞栎等(幼虫)。栖息于麻栎树林周边,午后3点开始活动较为频繁。

青灰蝶 🦋30~35mm。⏱6~8月(夏季)。🐛麻栎类等(幼虫)。翅膀腹面有黑色条纹,常在白天休眠。

灰蝶科

粉蝶科

酢浆灰蝶 🦋20~29mm。⏱4~11月(秋季)。🐛酢浆草等(幼虫)。翅膀表面呈青蓝色,腹面呈灰褐色,常聚集在各色花朵上。

突角小粉蝶 🦋40~50mm。⏱3~9月(夏季)。🐛山野豌豆等(幼虫)。翅膀呈白色,常聚集在蜂蜜草等的花朵上吸食花蜜,蛹越冬。

粉蝶科

成虫 | 幼虫

菜粉蝶

✐ 40~47mm。☉ 4~10月(春季)。✿ 白菜、萝卜等(幼虫)。翅膀表面呈白色，腹面呈黄色，寄生蜂常寄生在菜粉蝶的蛹体内。幼虫呈叶色，绒毛坚硬。

粉蝶科

成虫 | 幼虫

黑脉菜粉蝶

✐ 50~60mm。☉ 4~10月(春季)。✿ 白花碎米芥、凤花菜、白菜、萝卜等(幼虫)。白色的翅膀上有鲜明的条纹，常飞行在树林周边。幼虫呈青绿色，点状花纹较多。

粉蝶科

雄性 雌性(白色型)

斑缘豆粉蝶

📏 40~50㎜。⏱ 3~10月(春季)。🍃 紫云英、截叶铁扫帚、白车轴草等(幼虫)。翅膀呈黄色，常吸食原野上盛开的花朵的花蜜。在黄色型和白色型雌性中，雄性更喜爱黄色型。

粉蝶科

弄蝶科

宽边黄粉蝶 📏 35~45㎜。⏱ 3~11月(夏季)。🍃 截叶铁扫帚、合欢等(幼虫)。翅膀呈鲜黄色，末端有黑色花纹。

黑弄蝶 📏 33~36㎜。⏱ 5~9月(夏季)。🍃 山药、枫叶山药等(幼虫)。褐色翅膀上有白色点状花纹，展翅停落。

弄蝶科

直纹稻弄蝶　　　　　　　　　　　　　　　翅膀腹面　　　　　　　　　　　　　　翅膀表面

✎ 34~40㎜。🕐 5~11月(夏季)。🍃芒草、狗尾草、稻子等(幼虫)。褐色翅膀上有成条点状花纹，幼虫越冬。头大，身体厚实，形似飞蛾。

弄蝶科

弄蝶科

曲纹黄室弄蝶　✎ 25~32㎜。🕐 6~7月(夏季)。🍃芒草、绒毛大油芒等(幼虫)。**翅膀斑斑点点，常吸食一年蓬、山野豌豆的花蜜。**

豹弄蝶　✎ 28~31㎜。🕐 6~8月(夏季)。🍃蘋草、狗尾草等(幼虫)。**橘黄色的翅膀上有黑褐色条纹，常停息在草叶上。**

弄蝶科

雌性

雄性   幼虫

深山珠弄蝶

✎36~42mm。⏱ 4~5月(春季)。🌿柞栎、枹栎等(幼虫)。常在栎树林周边疾速飞舞。雌性体形大于雄性，前翅中部白色条纹明显。

凤蝶科

虎凤蝶

🖊 45~55mm。⊙ 4~6月(春季)。🌱 细辛、狗细辛(幼虫)。令人联想起老虎花纹的虎凤蝶在凤蝶种类中体形最小。低温天气常停息在叶片上晒太阳。

凤蝶科

翅膀表面　　　　　　　　　　　　　　　　翅膀腹面

白绢蝶

🖊 48~65mm。⊙ 5~6月(春季)。🌱 延胡索、珠果黄堇等(幼虫)。翅膀光泽美丽，仿佛披上了苎麻布一般。翅膀上没有鳞片粉，即使触摸也不会粘上粉末。

凤蝶科

成虫

幼虫(3龄)

幼虫(中龄)

碧翠凤蝶

📏80~120mm。🕐4~9月(夏季)。🍃青花椒、黄柏、常山等(幼虫)。尾部凸起比较长，体形大，令人联想到燕子。幼虫4龄后变为绿色。

204

凤蝶科

翅膀表面　　　　　　　　　　　翅膀腹面

绿带翠凤蝶

📏 80~130mm。⏱ 4~8月(夏季)。🌿 樗叶花椒、黄柏等(幼虫)。力气较大，常飞行于溪谷与山顶周边。吸食山踯躅和合欢等的花蜜，停息在地上饮水。

凤蝶科

翅膀表面　　　　　　　　　　　翅膀腹面

珠美凤蝶

📏 85~100mm。⏱ 5~8月(夏季)。🌿 青花椒、花椒树等(幼虫)。常飞行于山地树林的周边地区，吸食花蜜。在凤蝶类中该品种尾部凸起最长，蛹越冬。

长角蛾科

长角蛾科

细白带长角蛾 📏 14~17mm。⏱ 5~7月(夏季)。翅膀表面呈黄色，腹面呈深紫色，中央部位有鲜明的白色条纹。

小黄长角蛾 📏 18~20mm。⏱ 5~7月(夏季)。身体呈深黄色，具有较多蓝色条纹，雄性的触角是身体长度的4倍。

长角蛾科

织蛾科

网纹长须蛾 📏 19~21mm。⏱ 4~5月(春季)。身体呈暗灰黄色，白色的触角是身体长度的2倍。

竹红展足蛾 📏 5.5mm左右。⏱ 4~6月(春季)。前翅呈红色，触角呈针形，锋利，常停息在叶片上。

透翅蛾科

蜜桃兴透翅蛾 ⊘25~30mm。☺6~8月(夏季)。🍃桃子、樱桃树等(幼虫)。外形与蜜蜂相似,能够有效避开天敌。

透翅蛾科

小兴透翅蛾 ⊘16~20mm。☺5~8月(夏季)。🍃柿子树等(幼虫)。身体呈圆筒形,腹节处有3条黄色条纹。

蓑蛾科

黑肩蓑蛾 ⊘20mm左右。☺5~9月(夏季)。幼虫栖息在蓑衣形状的虫巢中,虫巢的外壁远远薄于大巢蓑蛾。

蓑蛾科

大巢蓑蛾 ⊘35mm左右。☺8~9月(夏季)。🍃樱桃树、栗子树、扁柏等(幼虫)。雌性幼虫在虫巢成为蛹。

斑蛾科

斑蛾科

稻八点斑蛾 ✐ 19~22㎜。⏲ 6~7月(夏季)。🐛芦苇等(幼虫)。**身体呈黑色，翅膀上有8个黄色花纹。**

梨叶斑蛾 ✐ 26~30㎜。⏲ 6~7月(夏季)。🐛苹果树、梨树等(幼虫)。**身体与翅膀呈浅黑色，白天活跃，四处飞行。**

斑蛾科

绢蛾科

烟囱斑蛾 ✐ 10~12㎜。⏲ 5~6月(夏季)。**身体呈黑色，翅膀上无花纹，雄性触角形似梳齿，雌性触角形似线头。**

中华绢蛾 ✐ 11~14㎜。⏲ 6~7月(夏季)。🐛藜等(幼虫)。**前翅有2个椭圆形黄色花纹，蛹越冬。**

网蛾科

网蛾科

尖尾网蛾 〰16~18㎜。⏱5~8月(夏季)。
黑褐色的翅膀上具有较多白色花纹,白天
飞行活跃,一年出现2次。

中纹网蛾 〰16~21㎜。⏱4~8月(夏季)。
⊛橡子树、栗子树等(幼虫)。翅膀呈浅褐
色,白天常停息在树叶上。

羽蛾科

尺蛾科

葡萄日羽蛾 〰18~20㎜。⏱6~9月(夏
季)。⊛葡萄、野葡萄等(幼虫)。翅膀呈褐
色,细长的后翅形似绒毛。

黑星尺蛾 〰27㎜左右。⏱5~8月(夏季)。
翅膀呈褐色,边缘部位形似锯齿,前翅下
端可见点状花纹。

卷蛾科

卷蛾科

环铅卷蛾 ✎ 20~25㎜。⏱ 4~5月(春季)。🍃 苹果树、梨树等(幼虫)。翅膀呈浅橘黄色，常停息在各种树木的叶片上。

黑尾黄卷蛾 ✎ 20~28㎜。⏱ 5~6月(春季)。🍃 苹果树、柿子树、枹栎树等(幼虫)。翅膀呈浅褐色，有褐色斑点花纹。

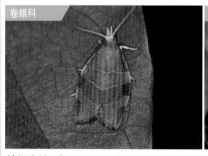

卷蛾科

卷蛾科

榛褐卷蛾 ✎ 18~26㎜。⏱ 6~11月(夏季)。🍃 蜡树、樱花树等(幼虫)。翅膀呈黄褐色，有浅黄色条纹。

截圆卷蛾 ✎ 13~17㎜。⏱ 5~9月(夏季)。翅膀呈黄褐色，翅膀两端褐色花纹连接成V字形。

卷蛾科

麻小卷蛾
✎ 11~15㎜。⏱ 6~8月(夏季)。🍃 葎草、大麻等(幼虫)。黑褐色的前翅上有4个锯齿状条形花纹。成虫白天常飞行在葎草附近。

210

卷蛾科

成虫 　　　　　　幼虫

黄色卷蛾

✎ 19~34mm。 ⏲ 5~9月(夏季)。 ❀ 苹果树、梨树等(幼虫)。是果园的主要害虫，一年出现3次。幼虫身长，呈浅绿色，前胸背板呈褐色。

卷蛾科 　　　　　　卷蛾科

假色卷蛾 ✎ 18~35mm。 ⏲ 5~9月(夏季)。
❀ 梨树、苹果树等(幼虫)。翅膀呈浅褐色，将叶片卷起后啃噬。

丑尾卷蛾 ✎ 16~26mm。 ⏲ 5~6月(春季)。翅膀呈褐色，有较多斑斑点点的花纹。前翅边缘有绒毛。

211

螟蛾科

草螟科

印度谷斑螟 ✎ 12~18mm。🕐 5~9月(夏季)。🍃 大米、豆子等(幼虫)。前翅上端呈白色，下端呈褐色，幼虫是储藏谷物的害虫。

甜菜白带野螟 ✎ 20~24mm。🕐 5~10月(夏季)。🍃 鸡冠花、菠菜等(幼虫)。翅膀呈黑褐色，翅膀中央有白色条状花纹。

草螟科

草螟科

白桦角须野螟 ✎ 15~20mm。🕐 5~8月(夏季)。🍃 栎树类等(幼虫)。翅膀呈淡紫色，前翅上端呈白色。

酸模秆野螟 ✎ 32mm 左右。🕐 5~9月(夏季)。🍃 蓄蓄类植物(幼虫)。前翅呈浅黄色，具有鲜明的红色条纹。

草螟科

麦牧野螟 ✏ 25~27mm。⏱ 8~9月(夏季)。
🍴 豆科、蓼蓄类植物(幼虫)。**翅膀呈黄褐色，具有眼睛状黑褐色花纹。**

雕蛾科

银点雕蛾 ✏ 15~19mm。⏱ 5~8月(夏季)。🍴菖蒲等(幼虫)。**前翅上端呈青蓝色，下端呈橘黄色，具有银白色花纹。**

尺蛾科

女贞尺蛾 ✏ 32~47mm。⏱ 6~7月(夏季)。🍴水蜡树等(幼虫)。**白色翅膀上具有较多黑色点状花纹，幼虫越冬。**

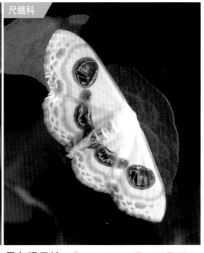

尺蛾科

黑条眼尺蛾 ✏ 28~42mm。⏱ 6~8月(夏季)。**身体与翅膀呈白色，翅膀上有4个大而圆的环形灰褐色花纹。**

尺蛾科

尺蛾科

赤线尺蛾 ✎ 32~38mm。🕑 6~9月(夏季)。
翅膀呈浅绿色，有白色条纹，前腿红色。

黄腹毛纹尺蛾 ✎ 38~46mm。🕑 6~8月(夏季)。翅膀呈白色，形似波纹，有黑色条纹，后翅末端呈黄色。

尺蛾科

尺蛾科

麻岩尺蛾 ✎ 25~29mm。🕑 5~8月(夏季)。
翅膀呈浅褐色，布满条纹及点状花纹。

小紫线尺蛾 ✎ 22mm左右。🕑 5~8月(夏季)。🐛柳树等(幼虫)。翅膀呈褐色，中央具有鲜明的横向红色条纹。

尺蛾科

尺蛾科

玫尖紫线尺蛾 🗡33mm左右。⏰5~9月(夏季)。🐛蓼蓄类植物(幼虫)。翅膀中央有红色条纹，具有较多灰色点状花纹。

饰紫线尺蛾 🗡23mm左右。⏰6~8月(夏季)。🐛蓼蓄类植物(幼虫)。翅膀中央有红色条纹，翅膀边缘部位同样连接有红色条纹。

尺蛾科

尺蛾科

克什米尔残叶青蜂 🗡20mm左右。⏰6~7月(夏季)。身体与翅膀呈白色，翅膀上布满波纹状浅黄色条纹。

虚纹黄尺蛾 🗡54~74mm。⏰5~8月(夏季)。身体呈浅褐色，形似落叶，不易被发现。

215

尺蛾科

尺蛾科

银灰金星尺蛾 ✐32~36㎜。⏱6~8月(夏季)。翅膀呈白色，有较多黄褐色点状花纹，幼虫是无腹足的尺蠖。

木橑尺蛾 ✐50~58㎜。⏱6~8月(夏季)。🍃松子树、栎树类等(幼虫)。白色翅膀上有较多橘色和灰白色点状花纹。

尺蛾科

尺蛾科

黄星弥尺蛾 ✐40~48㎜。⏱6~9月(夏季)。黄色后翅上有较多黑色点状花纹，故此得名。

埃尺蛾 ✐27~36㎜。⏱5~8月(夏季)。🍃槲树、柳树等(幼虫)。翅膀布满波纹状花纹，一年出现2~3次。

尺蛾科

苹烟尺蛾 〰48~55mm。⏱5~9月(夏季)。🍎苹果树等(幼虫)。翅膀呈褐色，中央有黑色条纹。

尺蛾科

三线皎尺蛾 〰35mm 左右。⏱7~10月(夏季)。白色翅膀上有3条倾斜的暗褐色条纹，白天常聚集在花朵上。

钩蛾科

栎距钩蛾 〰27~35mm。⏱5~9月(夏季)。🌰柞栎树等(幼虫)。翅膀呈黄褐色，末端如同弯钩一般呈弧状。

钩蛾科

日本线钩蛾 〰25~37mm。⏱5~9月(夏季)。🌰栎树类等(幼虫)。翅膀呈浅灰色，有2条褐色横向条纹。

圆钩蛾科

洋麻圆钩蛾

🔪60~70mm。⏱5~8月(夏季)。🍃大叶瓜木等(幼虫)。白色翅膀上有较多灰褐色花纹，斑斑点点。白天低速飞行在阴凉处，夜间向光飞行。

灯蛾科

大丽灯蛾

🔪75~85mm。⏱5~8月(夏季)。前翅呈黑色，有黄、白点状花纹。后翅呈橘黄色，有黑色点状花纹。白天吸食花蜜，夜间向光飞行。

灯蛾科

灯蛾科

煤色滴苔蛾 ⟋ 42~47mm。☼ 6~8月(夏季)。🍴甜菜、白车轴草等(幼虫)。翅膀呈灰白色，有较多黑色点状花纹。

连星污灯蛾 ⟋ 38~44mm。☼ 5~8月(夏季)。🍴扁柏、樱花树等(幼虫)。翅膀呈灰白色，有结成条状的黑色点状花纹。

灯蛾科

灯蛾科

金土苔蛾 ⟋ 20~24mm。☼ 5~8月(夏季)。🍴地衣类等(幼虫)。翅膀整体呈黄色，腿呈黑色，常停息在叶片上。

灰土苔蛾 ⟋ 39mm 左右。☼ 5~9月(夏季)。🍴栎树类等(幼虫)。翅膀呈灰褐色或褐色，整个身体边缘均呈黄色。

夜蛾科

白缘光裳夜蛾

⌀61mm左右。☉7~8月(夏季)。🍂麻栎、蒙古栎等(幼虫)。前翅呈黑色，后翅有较大的白色点状花纹。飞行并栖息于麻栎树林周边。

夜蛾科

裳夜蛾

⌀75mm左右。☉6~8月(夏季)。🍂辽杨树、柳树等(幼虫)。前翅色泽近似树干，后翅呈橘红色，不易被发现。夜间喜好向光飞行。

夜蛾科

夜蛾科

懈毛胫夜蛾 📏40mm左右。⏰5~8月(夏季)。🍃野大豆、胡枝子、洋槐等(幼虫)。褐色翅膀中央的花纹令人联想到云彩。

拟彩虎蛾 📏40~46mm。⏰5~8月(夏季)。🍃山葡萄等(幼虫)。黑色的翅膀上有较多白色点状花纹，白天活动十分活跃。

夜蛾科

鹿蛾科

赭黄长须夜蛾 📏27mm左右。⏰5~8月(夏季)。🍃豆类等(幼虫)。身体和翅膀呈黄褐色，有弯弯曲曲的横向深褐色花纹。

蕾鹿蛾 📏31~42mm。⏰7~8月(夏季)。多肉的黄色躯体带有黑色条纹，是主要在白天活动的昼行性飞蛾。

蚕蛾科

成虫

幼虫(蚕)

蚕茧

家蚕蛾

⫽ 18~23mm。☺ 全年(夏季)。🍃 桑树等(幼虫)。身体与翅膀呈灰白色,触角形似梳齿。蚕吃桑叶结茧,蚕茧中抽丝可织丝绸。

天蛾科

雀纹天蛾

✍ 55~69mm。☺ 5~8月(夏季)。🌱 芋头、黄花月见草等(幼虫)。身体呈圆筒状，与翅膀相比极其肥硕。翅膀上有鲜明的黄白色条纹，腹背部有白色条纹。

天蛾科

红天蛾

✍ 57~63mm。☺ 5~9月(夏季)。🌱 月见草、凤仙花、野凤仙等(幼虫)。身体与翅膀呈橘红色。白天栖息在草丛中，夜间活动，喜好向光飞行。

半翅目> 蝽科

成虫

异形(浅褐色) 若虫

斑须蝽

∅ 9~15mm。 ⏱ 3~11月(夏季)。 🍃 豆科、禾本科植物、果树等。身体呈赤褐色或浅褐色，触角上黑色与黄褐色花纹交替出现。若虫身体近圆形，黑褐色。

224

蝽科

成虫(春季型)　　　　　　　　　　　　异形(秋季型)

若虫①　　　　　　　　　　　　若虫②

茶翅蝽

🔖 12~18mm。🕐 全年(秋季)。🍃 各种植物、果实。身体呈深褐色，分为春季型、秋季型。若虫也有两种形态，是树林、田野、乡村中有代表性的蝽。

蝽科

成虫　　　　　　　　　　　　　　　异形

若虫①　　　　　　　　　　　　若虫②

稻绿蝽

✐ 11~17mm。 ⊘ 1~11月(夏季)。 ❀ 各种植物、果实。 身体呈草绿色，但异形的头部与前胸背板有黄色条纹。若虫的腹背有斑斑点点的花纹。

蝽科

成虫

若虫①　　　　　　　　　　　　　　　　若虫②

碧蝽

🔪 12~16mm。⏰ 5~10月(夏季)。🍽 樱花树、梨树等。身体呈深绿色，前翅膜质部位呈褐色，有别于黑须稻绿蝽。若虫在成长过程中花纹与色泽会发生变化。

成虫   若虫

北方辉蝽

✐ 8~10mm。⏱ 5~10月(夏季)。身体散发褐色与铜色光泽,前胸背板两侧凸起尖锐如刺。若虫呈浅褐色,没有翅膀,无法飞行。

成虫   若虫

紫蓝曼蝽

✐ 7~10mm。⏱ 4~11月(夏季)。麻栎、柿子树等。身体散发黑色与紫色光泽,小盾板末端有白点。若虫腹部散发紫色光泽。

蝽科

东北曼蝽 🖊7~9mm。⏱2~10月(秋季)。🌿 槲树、沙梨等。身体呈赤褐色，前胸背板 与小盾板有点状花纹。

蝽科

北曼蝽 🖊9~11mm。⏱5~11月(夏季)。身 体呈暗褐色，散发金属光泽，前翅膜质部 分长度超过腹部。

蝽科

珠蝽 🖊6~8mm。⏱4~10月(夏季)。身体呈 褐色，有黑色点状花纹，腹部边缘形似窗 帘蕾丝。

蝽科

多毛实蝽 🖊8mm左右。⏱4~10月(夏季)。 🌿荆三棱等。身体呈褐色，从头至小盾板 有黄色纵向条状花纹。

蝽科

横纹菜蝽   成虫   若虫

横纹菜蝽
✐ 6~9mm。⏱ 3~10月(夏季)。🍃 白菜、豆子、小麦、芥菜等。**身体倒置观察,形似老人脸。若虫身体椭圆,尚无翅膀,无法飞行。**

蝽科

菜蝽   成虫   若虫

菜蝽
✐ 6~8mm。⏱ 4~10月(夏季)。🍃 白菜、萝卜、芥菜等。**橘黄色花纹极为华丽,又被称作"新媳妇菜蝽"。若虫比横纹菜蝽的若虫橘黄色面积更大。**

蝽科

成虫　　　　　　　　　　　　　　　若虫

日本麦蝽

⫽ 8~10mm。⏱ 5~10月(夏季)。🌾 燕麦等。身体散发褐色光泽，三角形的头部形似鹌鹑。若虫翅膀尚未发育完全，但外形与成虫极为接近。

蝽科

成虫　　　　　　　　　　　　　　　若虫

珀蝽

⫽ 10~13mm。⏱ 3~11月(夏季)。🌰 栗子树类、橘子树类、豆类等。吸食柿子、梨、桃子等的汁液，从而引发果树疾病。若虫体圆形，呈浅绿色。

蝽科

蝽科

斑点莽蝽 ✐ 20~23mm。 🕐 4~10月(夏季)。
🍃 麻栎、槲树等。 身体呈灰褐色，具有不
规则的黑色点状花纹。

浩蝽 ✐ 17~19mm。 🕐 7~10月(夏季)。 🍃 榉
树等。 身体呈赤褐色，前胸背板上端和腹
部两侧呈黄绿色。

蝽科

蝽科

中华岱蝽 ✐ 17~20mm。 🕐 3~9月(夏季)。
身体呈深褐色，小盾板两侧有黄褐色点状
花纹。

全蝽 ✐ 11~14mm。 🕐 4~11月(夏季)。 🍃 柿
子树、豆子、葛藤等。 身体呈褐色，前胸
背板的前半部有4个浅黄色点状花纹。

蝽科

蝽科

稻黑蝽 ⁄8~10㎜。 ⊗5~9月(夏季)。 ⊛稻子、大麦等。 身体呈黑色，成虫和若虫都栖息在稻子上，是具有代表性的稻子害虫。

弯刺黑蝽 ⁄7~10㎜。 ⊗5~11月(夏季)。 ⊛树根等。 身体呈黑褐色，前胸背板两侧的肩部有类似尖角的刺。

蝽科

蝽科

北二星蝽 ⁄4~8㎜。 ⊗4~11月(夏季)。 ⊛稻子、玉米等。 身体呈褐色，前胸背板两侧有尖锐的刺状凸起。

二星蝽 ⁄4~6㎜。 ⊗4~10月(夏季)。 ⊛无花果树等。 身体呈黑褐色，小盾板上有2个灰色点状花纹。

蝽科

蝽科

广二星蝽 ⁄5~7㎜。 ⊗4~10月(夏季)。 ⊛柿子树、狗尾草等。 身体呈浅褐色，小盾板上有2个黄色点状花纹。

黑斑二星蝽 ⁄5~6㎜。 ⊗5~10月(夏季)。 身体呈浅灰色或褐色，小盾板上端有黑褐色倒三角形花纹。

蝽科

蝽科

灰全蝽 🖊10㎜左右。🕐4~10月(春季)。🌿榉树等。**身体呈灰褐色，遍布黑色点状花纹，外形斑斑点点。**

红足并蝽 🖊14~18㎜。🕐5~10月(夏季)。🌿飞蛾类幼虫体液。**身体呈暗褐色，腿呈红色。**

蝽科

蝽科

中华蝎蝽 🖊13~14㎜。🕐3~11月(夏季)。🌿飞蛾类幼虫体液。**身体呈亮褐色，前胸背板有黄色凸起。**

蝎蝽 🖊12~14㎜。🕐4~11月(夏季)。🌿飞蛾类幼虫体液。**身体呈褐色，腹部边缘有红色与褐色花纹。**

蝽科

成虫　　　　　　　　　若虫

喙蝽

🔗18~23mm。⏱5~10月(夏季)。🍴飞蛾类幼虫体液。身体呈绿色或褐色，小盾板极为细长。若虫的头部与胸部呈赤铜色，腹背呈灰色。

蝽科

成虫　　　　　　　　　若虫

蓝蝽

🔗6~9mm。⏱3~9月(春季)。🍴叶甲虫类幼虫体液等。身体散发蓝色光泽，栖息在山间和田野的草丛中。若虫常聚集成群，头部与胸部呈绿色，腹部呈红色。

蝽科

蝽科

益蝽 ⬛ 10~16㎜。⏱ 3~11月(夏季)。🍴 蝴蝶类幼虫体液。身体呈暗褐色，小盾板两末端有黄色点状花纹。

谷蝽 ⬛ 15~18㎜。⏱ 3~10月(夏季)。🍴 栎树类、紫芒等。身体呈黄褐色，成虫越冬后在紫芒上产卵。

缘蝽科

雄性

雌性

达氏安缘蝽

⬛ 18~20㎜。⏱ 4~10月(春季)。🍴 紫穗槐、胡枝子、截叶铁扫帚等。身体呈褐色，属于身形较大的蝽。雄性后腿的腿节有较大凸起，雌性后腿较为厚实无凸起。

236

缘蜻科

成虫　　　　　　　　　　　若虫

宽棘缘蜻

✍ 10~13mm。⏱ 4~11月(夏季)。🌾 稻子、大麦等。身体呈深褐色，肩膀两侧尖锐如刺。为了吸食叶子汁液而疾速移动，若虫尚无翅膀。

缘蜻科

成虫　　　　　　　　　　　若虫

稻棘缘蜻

✍ 11~12mm。⏱ 4~11月(夏季)。🌾 燕麦、柿子树、大麦等。身体呈浅褐色，形似宽棘缘蜻。成虫与若虫都聚集在禾本科植物上吸取汁液。

缘蝽科

成虫

若虫 ①

若虫 ②

褐奇缘蝽

✍ 11~16mm。☀ 4~11月(春季)。🐛 大蓟菜、豆类、普斯伦莓叶委陵菜等。**身体呈深褐色，无光泽，常吊在叶茎上。若虫随着蜕皮，外形会逐渐改变。**

缘蝽科

广腹同缘蝽　　　　　　　　　　　　　成虫　　　　　　　　　　　　　　　　若虫

✎ 11~16㎜。◷ 4~11月(夏季)。🍴 柿子树、多花紫藤类、豆类等。**身体呈黄褐色，腹部极宽，故此得名。若虫呈绿色，但形似成虫。**

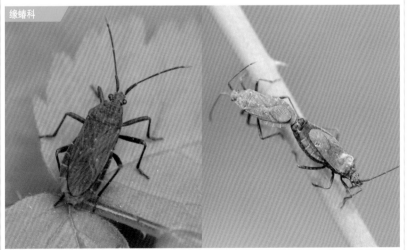

缘蝽科

环纹黑缘蝽　　　　　　　　　　　　　雌性　　　　　　　　雄性(左上方小型个体)

✎ 8~12㎜。◷ 3~11月(春季)。🍴 大蓟菜、野鸦蝽等。**身体呈暗褐色，在植物上聚群，一同捕食、交配。雌性体形和腹部都比雄性大。**

239

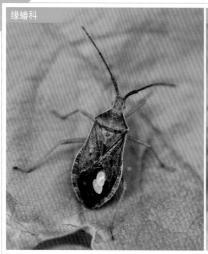

缘蝽科

一点同缘蝽 🖋11~16㎜。⏱4~10月(夏季)。🍃柚子树、橘子树、鳄梨树等。前翅中央有2个黑色点状花纹。

缘蝽科

钝肩普缘蝽 🖋13~18㎜。⏱4~12月(秋季)。🍃卫矛、白檀等。身体呈黑褐色,腹部呈黄色。

缘蝽科

暗黑缘蝽 🖋8~9㎜。⏱3~11月(春季)。🍃柚子树、酢浆草等。身体呈暗褐色,前翅短,无法覆盖腹部末端。

缘蝽科

茄瘤缘蝽 🖋10~14㎜。⏱5~10月(夏季)。🍃酢浆果、日本打碗花等。身体呈暗褐色,吸食土豆、茄子、番茄等的汁液。

蛛缘蝽科

成虫

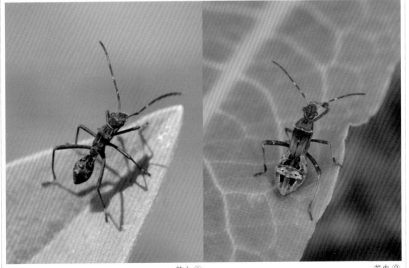

若虫 ①　　　　　　　　　　　　若虫 ②

棒蜂缘蝽

〃 13~18mm。 ⊙ 全年(秋季)。 ⊛ 豆类、果树等。 身体呈深褐色，腿部有锯齿状尖刺，腰部细小如蚂蚁。若虫外形与蚂蚁极为相似。

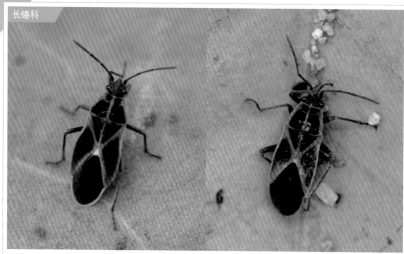

长蝽科

斑脊长蝽　　　　　　　　成虫　　　　　　　　异形(黑色较少)

🪶9~12mm。⏱️4~11月(夏季)。🌿柿子树、萝藦等。身体呈橘红色，有黑色花纹，群居生活。存在黑色花纹较少的异形。

长蝽科

中国脊长蝽　　　　　　　成虫　　　　　　　　若虫

🪶9~11mm。⏱️4~11月(夏季)。🌿萝藦等。身体呈橘红色，翅膀上有2对黑色点状花纹。为自我保护，若虫能通过释放集合信息素集聚在一起。

长蝽科

成虫　　　　　　　　　　　若虫

长须梭长蝽
🖋7~10mm。🕐4~10月(夏季)。🌿稻子等。触角极长，故此得名。吸食山上和原野中植物的汁液。若虫无翅膀，但整体外形近似成虫。

长蝽科

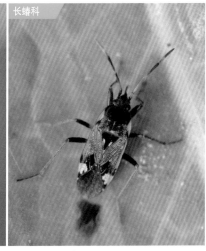

长蝽科

丝肿腮长蝽　🖋7~10mm。🕐4~10月(夏季)。🌿女娄等。身体呈黑色，边缘呈红色。

黑斑地长蝽　🖋7~8mm。🕐3~11月(春季)。🌿各种植物。小盾板有1对白色点状花纹，擅长疾速爬行。

长蝽科

日本小长蝽 ✏3~6mm。⏱2~11月(夏季)。🍃菊花类、早熟禾等。身体呈褐色，体形小，常见于山间和原野的平原地带耕地中。

长蝽科

大狭长蝽 ✏7mm 左右。⏱5~11月(夏季)。🍃细灯芯草等。身体呈黑色，翅膀极短，常见于菰和芦苇周边。

长蝽科

宽大眼长蝽 ✏4~6mm。⏱5~11月(夏季)。🍃柚子树、橘子树等。身体呈黑色，头呈橘红色，复眼极大。

长蝽科

短翅球胸长蝽 ✏7mm 左右。⏱4~11月(夏季)。🍃稻子、箬等。身体呈黑色，前腿腿节如肌肉般鼓胀。

长蝽科

白边球胸长蝽 ✏6~8mm。⏱4~11月(夏季)。🍃稻子等。身体呈黑色，翅膀有黑色条状花纹，外形似水瓢。

长蝽科

小窄长蝽 ✏7~8mm。⏱3~10月(夏季)。🍃稻子、鸭嘴草等。身体呈浅褐色，腿节呈黑色。

长蝽科

褐斑点烈长蝽 🗡5~6mm。⏱5~9月(夏季)。🌿大叶苎麻、长白苎麻等。浅红色的翅膀上有黑色花纹。

姬缘蝽科

黄伊缘蝽 🗡5~9mm。⏱4~10月(春季)。🌿禾本科、菊花科植物等。身体呈赤褐色，布满黑褐色点状花纹，栖息于杂草间。

姬缘蝽科

褐伊缘蝽 🗡6~9mm。⏱4~10月(春季)。🌿禾本科、菊花科植物等。身体呈褐色，常飞行于原野及耕地周边。

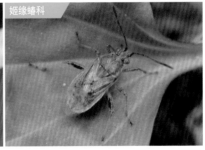

姬缘蝽科

开环缘蝽 🗡6~8mm。⏱4~10月(夏季)。🌿禾本科植物等。身体呈深褐色，腿部布满黑色点状花纹。

扁蝽科

台湾喙扁蝽 🗡8~10mm。⏱5~10月(春季)。身体呈黑色，扁平，群居在枯木的树皮中越冬。

扁蝽科

疣尤扁蝽 🗡5~7.5mm。⏱5~10月(春季)。身体呈黑褐色，扁平，腹部比胸部更扁平。

盾蝽科

成虫

异形   若虫

金绿宽盾蝽

〰 17~20mm。☀ 5~11月(夏季)。🍃 藤类、白檀等。黄绿色的身体上有华丽的橘黄色条状花纹,仿佛披了一件戏服。若虫身体呈白色,有较多黑色花纹。

盾蝽科

成虫

异形

扁盾蝽

🖊9~10mm。⏱5~10月(夏季)。🌾紫芒、燕麦等。身体呈褐色,身形似橡子。常集聚在包括禾本科在内的多种植物的花朵上,也有异形个体身体呈浅褐色。

异蝽科

异蝽科

红足壮异蝽 🖊14~16mm。⏱4~11月(春季)。🌾日本桉等。身体呈赤褐色,细长,前翅有4个黑色点状花纹。

平刺娇异蝽 🖊12~15mm。⏱4~11月(秋季)。🌾麻栎类等。身体呈黄褐色,腿部及触角呈红色。

异蜡科

环斑娇异蝽　　　　　　　成虫　　　　　　　　若虫

🖊 10~14mm。⏰ 4~11月(春季)。🍃 蒙古栎、柞栎等。身体呈草绿色，触角极长，腹部的气门呈草绿色。若虫常黏附在麻栎类树木叶片背面，吸食汁液。

异蜡科

黑门娇异蝽　　　　　　　成虫　　　　　　　　若虫

🖊 11~13mm。⏰ 4~10月(春季)。🍃 麻栎类、臭檀等。身体呈黄绿色，腿部有红色花纹，吸食树木汁液。若虫呈椭圆形，腹部呈红色。

龟蝽科

龟蝽科

暗纹圆龟蝽 🖊 3~4㎜。⏱ 4~10月(夏季)。🍃 豆科植物等。身体呈圆形，黑色，背板上有模糊的黄白色点状花纹。

双痣圆龟蝽 🖊 3~5㎜。⏱ 4~10月(夏季)。🍃 藤树类、胡枝子类等。小巧、圆滚的外形与瓢虫极为相似。

龟蝽科

龟蝽科

东方圆龟蝽 🖊 3~4㎜。⏱ 7~10月(夏季)。🍃 豆科植物等。身体散发黑色光泽，有2个类似逗号的点状花纹。

点豆龟蝽 🖊 4~6㎜。⏱ 4~10月(夏季)。🍃 藤类等。身体呈褐色，有密集的黑色花纹，外形斑斑点点。

长蝽科

网蝽科

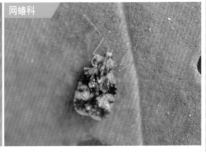

豆突眼长蝽 🖊 2~3㎜。⏱ 5~10月(夏季)。🍃 黄豆、红豆、葛藤等。身体呈浅褐色，复眼凸出，形似蟹眼。

梨冠网蝽 🖊 3~3.3㎜。⏱ 5~10月(夏季)。🍃 梨树类、樱花树等。扁平如盾牌，吸食梨树汁液。

同蝽科

同蝽科

细齿同蝽 🖊14~19mm。🕐5~11月(夏季)。
🌿灯台树、樱花树、麻栎类等。**身体呈青绿色，小盾板呈红色。**

宽铗同蝽 🖊16~19mm。🕐5~10月(夏季)。
🌿灯台树、野草莓树等。**身体呈鲜明的草绿色，胸部两端有红色凸起。**

同蝽科

同蝽科

伊锥同蝽 🖊10~13mm。🕐4~11月(夏季)。
🌿灯台树、盐肤木等。**小盾板呈白色或黄色的心形。**

钝肩狄同蝽 🖊7~9mm。🕐4~11月(夏季)。
🌿楤木、八角金盘等。**身体呈黄绿色，前翅有鲜明的红色X形花纹。**

兜蝽科

细角瓜蝽

∥ 13~16mm。 ⏱ 6~10月(夏季)。 🍈 南瓜、西瓜、香瓜等。 身体呈深灰褐色，前胸背板的前端有三角形凸起。扁平的腹部边缘呈锯齿状。

跷蝽科

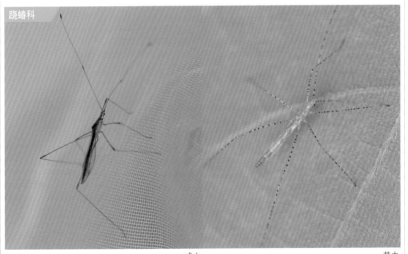

成虫   若虫

娇背跷蝽

∥ 6~7mm。 ⏱ 3~10月(夏季)。 身体呈浅黄色，极为细长，不易被发现。若虫呈浅绿色，触角和腿部有较多黑色花纹。

盲蝽科

成虫　　　　　　　若虫

三环苜蓿盲蝽
🖊 7~9mm。⏱ 6~10月(夏季)。身体呈褐色，覆盖着坚硬的白色绒毛，触角长于身体。若虫身体呈草绿色，有翅芽，发育为成虫后变为翅膀。

盲蝽科

淡须苜蓿盲蝽 🖊 6~8mm。⏱ 4~9月(夏季)。身体呈黑色，具有光泽，坚硬的前翅末端有白色点状花纹。

盲蝽科

中黑苜蓿盲蝽 🖊 7~9mm。⏱ 4~11月(夏季)。🌿燕麦、豆子、大麦、小麦等。身体呈黄绿色，前胸背板有2个黑色点状花纹。

252

盲蝽科

克氏树丽盲蝽 ✎7mm左右。☼5~6月(春季)。❀榆树、蒙古栎等。身体呈褐色，具有光泽，覆盖着细微的绒毛。

盲蝽科

美丽后丽盲蝽 ✎4mm左右。☼6~10月(夏季)。身体呈浅橘黄色，坚硬的前翅末端有黑色条状花纹。

盲蝽科

光滑树丽盲蝽 ✎7mm左右。☼5~10月(夏季)。头部和小盾板呈黑色，有光泽，腿呈黄褐色。

盲蝽科

绿盲蝽 ✎5mm左右。☼4~10月(夏季)。❀艾蒿、豆类、大麦等。身体呈浅绿色，有褐色花纹，根据个体的不同有变异。

盲蝽科

盲蝽科

带原盲蝽 🖊4~5mm。⏱5~6月(春季)。🌿禾本科植物等。身体呈橘黄色,前翅呈黑色,栖息在水边的草地中。

眼斑厚盲蝽 🖊7~8mm。⏱6~10月(夏季)。🌿豆类、大麦类等。身体呈黑色,前胸背板有1对黑色点状花纹。

盲蝽科

盲蝽科

遮颜盲蝽 🖊9mm左右。⏱5~6月(春季)。🌿金花忍冬、金银花等。身体细长,前翅有2对黄白色花纹。

异角盲蝽 🖊4~6mm。⏱5~10月(夏季)。身体呈黑色,全身不规则地布满灰白色绒毛。

盲蝽科

赤条纤盲蝽 🔲4~6mm。🕐4~10月(夏季)。
🍃豆类、大麦类等。身体呈浅黄绿色，前
翅上有红色X形花纹。

盲蝽科

条赤须盲蝽 🔲5~7mm。🕐4~11月(秋季)。
🍃禾本科植物等。身体细长，呈浅绿色，
触角呈红色。

盲蝽科

红脉狭盲蝽 🔲8~11mm。🕐4~10月(夏季)。
🍃大麦类、草地早熟禾等。身体呈草绿色，
背板呈赤褐色，聚集在穗子上吸食汁液。

盲蝽科

丽齿爪盲蝽 🔲5mm左右。🕐4~10月(夏
季)。身体呈褐色，前胸背板呈黑色，小盾
板呈白色，前翅呈褐色。

盲蝽科

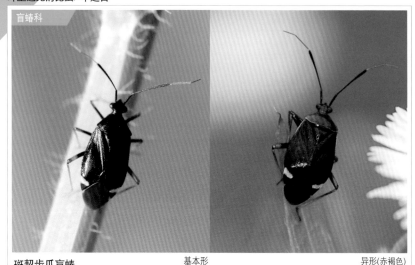

基本形   异形(赤褐色)

斑契齿爪盲蝽
✎8~9mm。⏱5~9月(夏季)。身体呈黑色，具有光泽，坚硬的前翅末端有浅黄色花纹。有异形个体的前胸背板前端及前翅末端呈赤褐色。

盲蝽科

猎蝽科

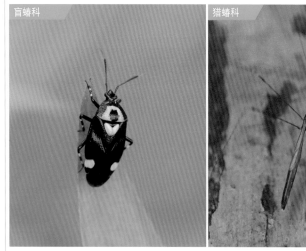

桑氏齿爪盲蝽 ✎5~9mm。⏱6~8月(夏季)。小盾板上有心形花纹，坚硬的前翅末端有黄色点状花纹。

黄环蚊猎蝽 ✎17~21mm。⏱6~9月(夏季)。🍴昆虫体液。身体与腿部极为细长，用前腿捕食，吸取体液。

猎蝽科

成虫　　　　　　　　若虫

环斑猛猎蝽
🔪 12~16mm。⏱ 4~10月(夏季)。🦗 昆虫体液。腿部有白色花纹，斑斑点点。成虫与若虫都有锋利的喙，刺入猎物后吸取体液。

猎蝽科

猎蝽科

青背真猎蝽 🔪 11~15mm。⏱ 4~10月(夏季)。🦗 昆虫体液。身体呈黑色，腹部周边有红色花纹。

异赤猎蝽 🔪 11~13mm。⏱ 4~10月(夏季)。🦗 昆虫体液。身体呈红色，前胸背板有黑色的十字形凹槽。

257

猎蝽科

成虫　　　　若虫

褐菱猎蝽

✎20~25mm。⏰4~11月(秋季)。🐛昆虫体液。身体呈褐色，触角极长，成虫越冬。若虫的触角与成虫相似，但翅膀尚不够坚硬。

猎蝽科

猎蝽科

乌黑盗猎蝽　✎13~15mm。⏰5~11月(夏季)。🐛昆虫体液。身体呈黑色，具有光泽，疾速爬行于地表。

黑脂猎蝽　✎12~15mm。⏰4~10月(春季)。🐛昆虫体液。身体呈黑色，前翅远远长于腹部，慢速爬行。

猎蝽科

膨腹土猎蝽 ⌀ 15~19mm。🕐 5~10月(夏季)。🍴 昆虫体液。身体呈黑色，成虫亦无翅膀。

姬蝽科

泛希姬蝽 ⌀ 9~10mm。🕐 4~11月(秋季)。🍴 昆虫体液。身体呈暗褐色，前翅极短。

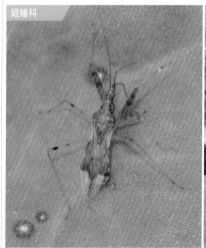

姬蝽科

山高姬蝽 ⌀ 7~9mm。🕐 3~12月(春季)。🍴 昆虫体液。身体呈赤褐色，前腿形似镰刀，常用发达的前腿捕食。

姬蝽科

暗色姬蝽 ⌀ 10~12mm。🕐 6~11月(夏季)。🍴 蚜虫、蜡蚧、叶甲虫等。身体呈浅褐色，体长，有黑色点状花纹。

叶蝉科

叶蝉科

日本凹大叶蝉 〆 11~13.5㎜。⏰ 4~10月(春季)。🍴 植物的汁液。身体呈黄绿色，头部与前胸背板有黑色花纹。

大青叶蝉 〆 8~10㎜。⏰ 6~9月(夏季)。🍴各种植物。身体呈草绿色或青绿色，腿部呈浅黄色，常见于草丛中。

叶蝉科

叶蝉科

智异山大青叶蝉 〆 8㎜ 左右。⏰ 5~8月(夏季)。🍴 麻栎类等。身体呈黑褐色，具有光泽，雌性的后翅退化，无法飞行。

白边宽额叶蝉 〆 6~7㎜。⏰ 6~9月(夏季)。🍴 柳树类等。身体呈黄褐色，头部浑圆，前翅边缘呈灰黄色。

叶蝉科

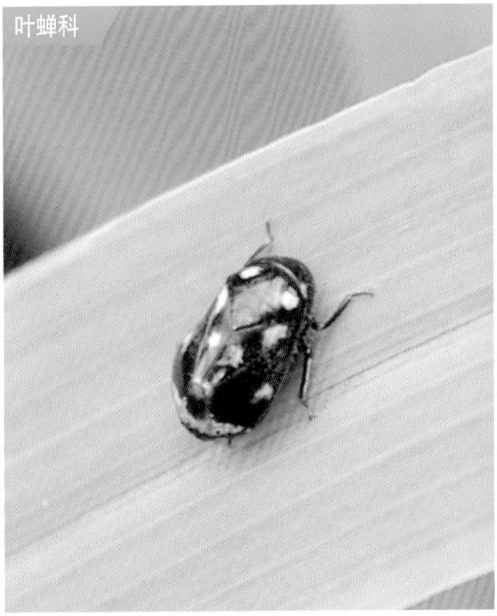

多斑宽额叶蝉 5.2~5.7㎜。5~8月(春季)。艾蒿类等。身体呈黑色，有9个黄色点状花纹，擅长向高处跳跃。

叶蝉科

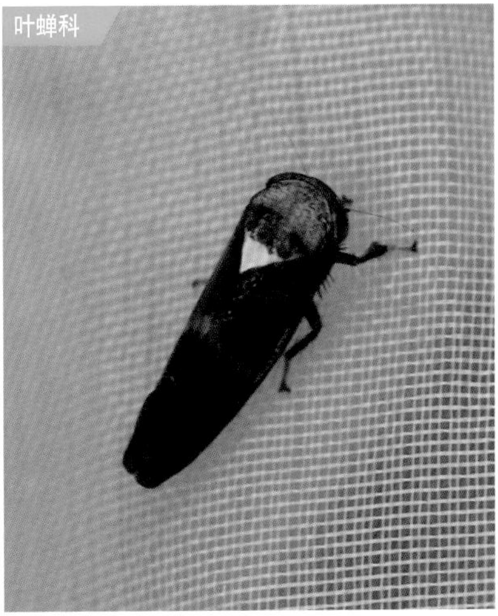

白带胫槽叶蝉 9.5~11㎜。6~9月(夏季)。柳树类、海棠花等。身体呈黑色，小盾板呈黄色。

叶蝉科

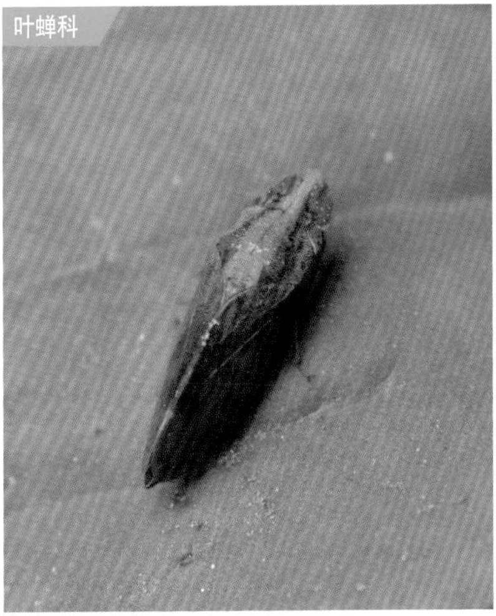

韩国片头叶蝉 6.2~8㎜。6~9月(夏季)。身体呈黄褐色，小盾板呈黄色，前胸背板有耳朵形状花纹。

叶蝉科

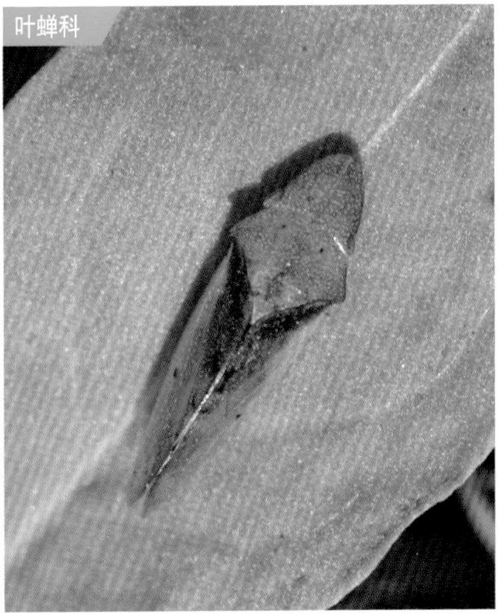

金刚山新角胸叶蝉 11~14㎜。7~10月(夏季)。麻栎类、葛藤等。身体呈绿色，头部呈尖形，前翅有黑色花纹。

叶蝉科

广翅蜡蝉科

红边片头叶蝉 〰13㎜左右。🕐8~10月(夏季)。🌿栗子树等。**身体呈黄绿色,有较多浅黄色点状花纹,复眼凸出。**

带纹疏广翅蜡蝉 〰6㎜左右。🕐8~9月(夏季)。🌿柿子树、樱花树等。**身体呈黑褐色,宽宽的翅膀展开后形似扇子。**

广翅蜡蝉科

成虫　　　　　　　　　　　　　　　若虫

透明疏广翅蜡蝉

〰5㎜左右。🕐8~9月(夏季)。🌿葛藤、人参等。**透明的翅膀下端没有褐色边,区别于带纹疏广翅蜡蝉。若虫呈白色,细细的绒毛聚集成条。**

广翅蜡蝉科

褐带广翅蜡蝉 4mm左右。8~9月（夏季）。橘子树、葛藤等。身体呈褐色或黑色，前翅中央有暗褐色带状花纹。

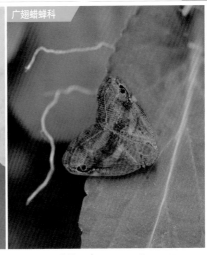

广翅蜡蝉科

日本广翅蜡蝉 6~8mm。8~9月（夏季）。葛藤、苹果、梨等。身体呈灰黄色，前翅边缘处有深陷的黑色点状花纹。

沫蝉科

白带菱沫蝉 11~12mm。6~10月（夏季）。柳树、桑树等。身体呈褐色，前翅中央有较宽的白色带状花纹。

沫蝉科

海滨菱沫蝉 10mm左右。6~10月（夏季）。柳树类等。身体呈浅黄色，复眼较大，前胸背板上有白色点状花纹。

沫蝉科

沫蝉科

松黄足菱沫蝉 ✎ 8~9mm。⏱ 6~10月(夏季)。🍃 松树、沙松等。身体呈黑褐色,有黑色花纹,吸食汁液后吐出泡沫。

尤氏曙沫蝉 ✎ 6~8.5mm。⏱ 5~9月(夏季)。🍃 赤杨、柳树等。身体颜色多样,从赤褐色到黑色,常停息在叶片上。

尖胸沫蝉科

尖胸沫蝉科

鞘圆沫蝉 ✎ 6~8mm。⏱ 6~9月(夏季)。🍃 艾蒿、柳树、白桦等。身体呈圆球状,灰黄色,有暗褐色带状花纹。

黑胸异长沫蝉 ✎ 7mm左右。⏱ 6~9月(夏季)。🍃 鱼鳞松、沙松等。身体呈浅黄色,吸食针叶树类新芽的汁液为生。

袖蜡蝉科

红尾长袖蜡蝉 📏6~7mm。🕐7~9月(夏季)。身体呈黄褐色，翅膀较小，前翅边缘呈红色。

袖蜡蝉科

嵌边波袖蜡蝉 📏5mm左右。🕐7~9月(夏季)。身体呈黄褐色，腿部呈浅黄色，与体形相比，赤褐色的翅膀极为庞大。

袖蜡蝉科

红袖蜡蝉 📏4mm左右。🕐6~9月(夏季)。🍃大麦、土豆、葛藤等。身体呈橘红色，浅黄褐色的透明翅膀极长。

飞虱科

长绿飞虱 📏5~6mm。🕐5~10月(夏季)。🍃大麦、小麦、玉米等。身体呈草绿色，翅膀比腹部长，栖息于河川和耕地周边。

象蜡蝉科

象蜡蝉科

伯瑞象蜡蝉 📏12~14mm。⏰5~10月(夏季)。🍴大麦、小麦、橘子树等。身体呈黄绿色，头尖，栖息在耕地和草地中。

蔗象蜡蝉 📏11~13mm。⏰8~9月(夏季)。🍴野梧桐类、葛藤等。身体呈灰黄色，翅膀远远长于身体。

木虱科

菱蜡蝉科

桑异脉木虱 📏4mm左右。⏰5~9月(夏季)。🍴桑树等。身体呈黄绿色或浅褐色，若虫尾部拖着线团。

四带瑞脊菱蜡蝉 📏5~6mm。⏰7~9月(夏季)。🍴土豆等。半透明的白色翅膀上有4个鲜明的黑褐色横向条状花纹。

266

角蝉 ⫻5.5~8.5mm。⏲5~9月(夏季)。大蓟菜、艾蒿等。身体呈黑褐色，前胸背板两侧如刺般尖锐。

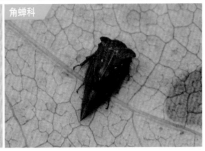

褐拟抹角蝉 ⫻5~6mm。⏲6~9月(夏季)。柳树、栗子树等。身体呈赤褐色，前胸背板肩部有较短的凸起。

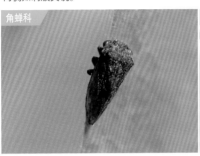

横带圆角蝉 ⫻5.7mm左右。⏲6~9月(夏季)。各种植物。身体呈黑褐色，小盾板边缘有1对黄色点状花纹。

马醉木指管蚜 ⫻3.1~4.2mm。⏲7~8月(夏季)。身体呈橘黄色，常见有翅的有翼虫，也有无翅的无翼虫。

蓟沟无网蚜 ⫻2.5~3.5mm。⏲7~8月(夏季)。大蓟菜等。身体呈暗绿色，密密麻麻依附在草茎上吸食汁液。

萨氏瘤头蚜 ⫻3~4mm。⏲5~6月(春季)。樱花树等。吸食汁液，形成虫瘿。

267

双翅目 > 丽蝇科

亮绿蝇 5~9mm。4~10月(夏季)。动物尸体、排泄物。**身体呈绿色，常聚集在人或动物的排泄物上，又被称为"屎蝇"。**

丽蝇科

叉叶绿蝇 6~12mm。4~10月(夏季)。动物尸体、排泄物。**身体呈黄绿色，聚集在受污染的物质上，是传播病菌、带来卫生风险的害虫。**

丽蝇科

壶绿蝇 8~10mm。4~10月(夏季)。动物尸体、排泄物。**身体呈青绿色，具有光泽，传播尸体和排泄物中的病菌。**

丽蝇科

边丽蝇 10~13mm。4~11月(夏季)。动物尸体、排泄物。**身体呈黑色，具有青色光泽，能够存活至晚秋。**

丽蝇科

大头金蝇 ⬭ 8~13mm。⏱ 4~10月(夏季)。
🍴 动物尸体、排泄物。头部呈红色，身体呈青绿色，常见于山地或耕地中。

丽蝇科

不显口鼻蝇 ⬭ 5~7mm。⏱ 6~11月(夏季)。
🍴 花粉(成虫)。身体呈暗绿色，聚集在花上，用短秃的喙舔食花粉。

丽蝇科

草绿等彩蝇 ⬭ 9~10mm。⏱ 6~11月(夏季)。🍴 花粉(成虫)。身体呈黑褐色，前胸背板呈草绿色，聚集在花上舔食花粉。

粪蝇科

黄粉粪蝇 ⬭ 10mm左右。⏱ 6~10月(夏季)。🍴 昆虫(成虫)。身体呈灰褐色，成虫捕食为生，但幼虫主要以排泄物和堆肥为食。

寄蝇科

寄蝇科

瓢升茸毛寄蝇 🖉 18~22mm。🕐4~8月(春季)。🐛寄生昆虫。身体呈黑褐色，腹部呈橘黄色，有无数尖锐的绒毛。

黄茸毛寄蝇 🖉 15mm左右。🕐5~10月(夏季)。🐛飞蛾类寄生幼虫。身体呈黄褐色，体肥，常聚集在山地或原野的花朵上。

寄蝇科

寄蝇科

中国星圆点突额蝇 🖉 8~12mm。🕐5~10月(夏季)。🐛寄生昆虫。身体呈浅橘黄色，腹部末端无毛，常聚集在花上。

普通膜腹寄蝇 🖉 13mm左右。🕐5~10月(夏季)。🐛寄生蜻。身体呈橘黄色，腹部中央有3个清晰的黑色点状花纹。

寄蝇科

北海道赘诺寄蝇 〚9~15mm。 ⏱6~9月(夏季)。 寄生昆虫。身体呈黄褐色，腹部有较多尖锐的毛，常停歇在叶片上。

寄蝇科

斑须蟓筒腹寄蝇 〚8mm左右。 ⏱6~9月(夏季)。 寄生蟓。身体呈黑色，腹背面有较多长毛，常聚集在花上。

寄蝇科

鳃佩雷寄蝇 〚15~19mm。 ⏱6~9月(夏季)。 寄生昆虫。身体呈黑色，前胸背板中央有4条黑色纵向带状花纹。

麻蝇科

尾黑麻蝇 〚7~13mm。 ⏱4~10月(夏季)。 动物尸体、排泄物。常停息在杂乱、肮脏的排泄物和垃圾上，传播病菌。

扁口蝇科

大翅扁口蝇 〚10mm左右。 ⏱6~7月(夏季)。身体呈黑色，头部呈橘黄色，翅上有较多条纹，翅远远长于身体。停息在叶片或树木上片刻疾速飞离。

扁口蝇科

腹纹皱蝇 📏 4~5mm。⏱ 7~9月(夏季)。🌿 豆科植物根部(幼虫)。身体呈红色，腹部有2条清晰的黑色条纹。

扁口蝇科

黑尾皱蝇 📏 4~5mm。⏱ 7~9月(夏季)。🌿 豆科植物根部(幼虫)。身体呈暗红色，翅膀上有3条清晰的条纹。

扁口蝇科

端斑皱蝇 📏 4~5mm。⏱ 7~9月(夏季)。🌿 豆科植物根部(幼虫)。身体呈黑色，翅膀透明，末端呈黑色。

实蝇科

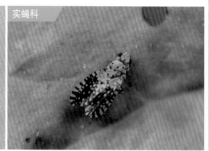

平山斑翅实蝇 📏 3.5~4.5mm。⏱ 5~8月(夏季)。🌿 山茶树、菊花等(幼虫)。身体呈灰色，翅膀呈黑色，是果实害虫。

实蝇科

类纹实蝇 📏 8~11mm。⏱ 5~9月(夏季)。🌿 水果(成虫)。身体呈黄褐色，翅膀有黑色花纹，腹部有横向条纹。

实蝇科

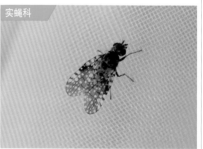

东亚斑翅实蝇 📏 3~5mm。⏱ 5~8月(夏季)。🌿 水果(成虫)。身体呈灰色，透明的翅膀上有较多网状黑色花纹。

蝇科

家蝇 ✐7~8mm。⏰6~8月(夏季)。♻排泄物等。身体呈黑色，前胸背板有白色条纹，常停息在叶片上。

缟蝇科

长翅缟蝇 ✐5mm左右。⏰5~8月(夏季)。身体呈黑色，翅膀长度远远超过身体，常停息在叶片上。

花蝇科

横带花蝇 ✐4~6mm。⏰5~6月(春季)。身体被灰色粉末覆盖，前胸背板有黑色较粗的横向花纹。

角蝇科

铜色长角沼蝇 ✐9~11mm。⏰4~8月(夏季)。♻花粉等(成虫)。身体与腿部较长，疾速飞行于山地或田野中的草丛与花丛之间。

果蝇科

黑腹果蝇 ✐2.5mm左右。⏰3~10月(夏季)。♻水果等。常聚集在水果上，幼虫只需1周即可长成成虫。

蛾蠓科

交错蛾蠓 ✐1.5~2mm。⏰全年(夏季)。灰白色的翅膀扁宽，形似小型飞蛾，常群聚在厕所等潮湿处。

食蚜蝇科

食蚜蝇科

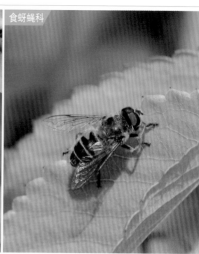

狭带条胸蚜蝇 ✐ 12~14mm。⏰ 3~11月(春季)。🍂 腐朽植物(幼虫)。疾速飞行于山间与原野，停息在叶片上摩擦腿部。

灰带管蚜蝇 ✐ 10~13mm。⏰ 4~10月(春季)。身体呈黑色，腹部有黄褐色条纹，常停息在叶片或花朵上。

食蚜蝇科

食蚜蝇科

亮黑斑眼蚜蝇 ✐ 11~12mm。⏰ 5~11月(夏季)。身体呈黑色，复眼呈黄色，翅膀透明，常聚集在叶片或花朵上。

熊蜂拟木蚜蝇 ✐ 11~13mm。⏰ 5~7月(夏季)。身体呈黑色，腹节上有3条黄色横向条纹，常停息在叶片上。

食蚜蝇科

食蚜蝇科

狭带贝食蚜蝇 ⬧10~12mm。🕐5~11月(夏季)。🐛蚜虫等(幼虫)。身体呈黑色，腹节上有白色横向条纹。

大灰后食蚜蝇 ⬧8~10mm。🕐4~9月(春季)。🐛棉蚜、大豆蚜等(幼虫)。腹节两侧有黄色花纹，常停息在叶片上。

食蚜蝇科

食蚜蝇科

凹带后食蚜蝇 ⬧10~12mm。🕐4~11月(春季)。🐛蚜虫等(幼虫)。腹部有3条黄色横向波纹般弯曲的条纹。

长翅细腹食蚜蝇 ⬧8~9mm。🕐4~11月(春季)。🐛蚜虫等(幼虫)。身体小而细，聚集在花朵上吸食花粉，停落在叶片上交配。

眼蝇科

眼蝇科

短眼蝇 📏14~15mm。🕐4~8月(夏季)。🐝蜂类、蝇类寄生幼虫。**身体呈黑褐色，腹部有黄色条纹，形似蜂。**

黄带眼蝇 📏10mm左右。🕐8~9月(夏季)。🐝蜂类寄生幼虫。**身体呈黑色，头部巨大，常停息在叶片上。**

眼蝇科

头蝇科

暗叉芒眼蝇 📏16~20mm。🕐6~8月(夏季)。🐝蜂类寄生幼虫。**身体呈赤褐色，形似蜂，常聚集在各类花朵上。**

异足头蝇 📏9~12mm。🕐6~7月(夏季)。🐝飞虱、蝽类寄生虫。**身体细长，头部紧紧相贴呈球形。**

水虻科

黑色指突水虻 🖊 15~28mm。⏱ 5~10月(夏季)。🍴排泄物、垃圾等(幼虫)。身体呈黑色，幼虫以排泄物和垃圾为食。

水虻科

光亮扁角水虻 🖊 12~20mm。⏱ 7~10月(夏季)。身体呈黑色，平衡棒呈白色，停落在叶片上片刻后疾速飞离。

水虻科

等额水虻 🖊 7~9mm。⏱ 6~7月(夏季)。身体呈黑色，具有光泽，眼睛呈赤褐色，翅膀长度远超身体。

水虻科

黄腹小丽水虻 🖊 4~5mm。⏱ 6~8月(夏季)。身体呈青绿色，具有光泽，眼睛呈赤褐色，前胸背板形似人脸。

虻科

虻科

三角虻 🖊17~29mm。⏱6~9月(夏季)。🦟
牛、马等的血(成虫)。身体呈灰褐色，前胸背
板上有3条纵向花纹，常见于牲畜圈周边。

黄绿黄虻 🖊12~14mm。⏱6~9月(夏季)。
🦟家畜的血(成虫)。身体呈黄褐色，雌性以
体液为食，雄性以花粉为食。

长足虻科

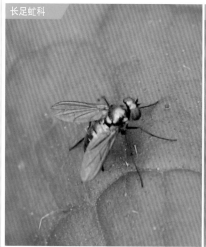

长足虻科

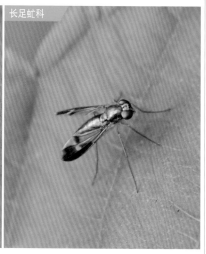

长尾鬃长足虻 🖊5~6mm。⏱6~9月(夏
季)。身体呈绿色，具有金属光泽，腿部极
长。

斑点长足虻 🖊6mm左右。⏱6~9月(夏季)。
身体呈草绿色，翅膀上有斑斑点点的黑色
花纹，常停息在叶片上。

278

食虫虻科

食虫虻科

中华盗虻 ✐ 20~29mm。⏱ 7~8月(夏季)。🍴 昆虫(成虫)。身体呈赤褐色,复眼呈青绿色,疾速飞行于山间和田野捕食。

前黑食虫虻 ✐ 22~25mm。⏱ 6~9月(夏季)。🍴 飞蛾、金龟等(成虫)。身体呈黑色,擅长在空中捕食飞蛾、蝇类等。

食虫虻科

食虫虻科

大叉径食虫虻 ✐ 23~30mm。⏱ 6~9月(夏季)。🍴 昆虫(成虫)。身体呈黑色,雄性的腹部末端有白色绒毛团。

红足食虫虻 ✐ 12~18mm。⏱ 5~7月(夏季)。🍴 昆虫(成虫)。身体呈黑褐色,能迅速捕食飞行中的昆虫。

食虫虻科

水虻科

窄弯顶毛食虫虻 🔲17~20mm。🕐4~6月(春季)。🐛蝴蝶类等(成虫)。身体呈黑色，小腿关节呈黄褐色，捕食昆虫。

斑点粗腿水虻 🔲20mm左右。🕐5~6月(春季)。🐛昆虫(成虫)。身体呈黑色，前胸背板有黄色花纹。

摇蚊科

蚊科

羽摇蚊 🔲6~7mm。🕐5~9月(夏季)。栖息于受污染的河川草地之间，在摇蚊幼虫中体形最大。

白纹伊蚊 🔲4.5mm左右。🕐6~9月(夏季)。🐛人血等(成虫)。身体呈黑色，腿部有白色条纹，又被称作"山蚊"。

蚊科

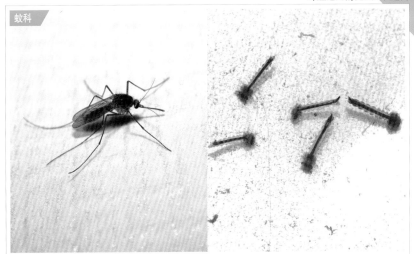

成虫　　　　　　　　　　　　　　　　幼虫(孑孓)

淡色库蚊
✎5.5mm左右。⏱4~11月(夏季)。🍽人、家畜的血。身体呈浅褐色，常飞入住宅吸食人血，是吸血害虫。幼虫又被称为"孑孓"，栖息在被污染的水坑中。

条花蚊 ✎12~16mm。⏱5~10月(春季)。🍽腐朽植物(幼虫)。翅膀上有条纹，形似普通蚊子，又被称为"大蚊"。

多突短柄大蚊 ✎12~14mm。⏱5~7月(夏季)。🍽腐朽植物(幼虫)。身体呈黄色，喙与腿部极为细长，栖息在草丛中。

大蚊科

大蚊科

黑色短柄大蚊 ✏20mm左右。☀5~7月(夏季)。🍂腐朽植物(幼虫)。身体呈黄色，前胸背板有3条纵向条纹。

黑翅花蚊 ✏19mm左右。☀5~7月(夏季)。🍂腐朽植物(幼虫)。身体呈黑色，翅膀半透明，产卵管非常尖锐。

大蚊科

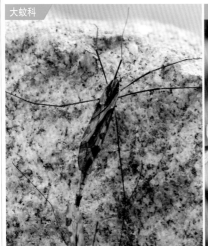

瘿蚊科

长寿花蚊 ✏24~34mm。☀5~10月(春季)。🍂腐朽植物(幼虫)。身体呈褐色，翅膀有黑色条纹，栖息在水边。

艾蒿艾瘿蚊 ✏3mm左右。☀5~12月(秋季)。在艾蒿叶茎上产卵，分泌保护物质，在艾蒿上形成如同棉花一般的瘤状物。

膜翅目>叶蜂科

侧斑槌腹叶蜂 📏12mm左右。🕐4~6月(春季)。🍴樱花等(幼虫)。腹部呈黄褐色，疾速飞行于树木之间，形似蜜蜂。

叶蜂科

白唇萝卜叶蜂 📏5.1~7.2mm。🕐5~7月(夏季)。🍴狗尾草类等(幼虫)。前胸背板呈红色，飞行时形似苍蝇。

叶蜂科

成虫　　　　　　　　　　　　　　　幼虫

黑唇平背叶蜂
📏15mm左右。🕐5~10月(夏季)。🍴皱叶酸模、酸模等(幼虫)。身体呈绿灰色，疾速飞行于叶片之间。幼虫呈浅绿灰色，有黑色点状花纹，有6对腹足。

叶蜂科

黑神钩瓣叶蜂 📏12mm左右。🕐5~6月(春季)。身体呈黑色，前胸背板有鲜明的白色点状花纹，擅于疾速飞行。

锤角叶蜂科

美丽锤角叶蜂 📏14mm左右。🕐4~6月(春季)。🍴锦带花等(幼虫)。身体呈黑褐色，腹部扁平，触角末端形似鼓起的棍棒。

蔷薇黄腹叶蜂 🖊8mm左右。⏱4~9月(春季)。🍃蔷薇等(幼虫)。身体呈黑色，腿部呈褐色，疾速飞行于叶片之间。

三节叶蜂科

杜鹃黑毛三节叶蜂 🖊9mm左右。⏱5~10月(夏季)。🍃杜鹃等(幼虫)。身体呈青蓝色，由于种群数量巨大，常引发灾患。

西方蜜蜂 🖊10~17mm。⏱3~10月(夏季)。🍃花粉、花蜜等(幼虫)。勤劳地飞行采集花粉和花蜜，常停息在叶片上。

蛛蜂科

背点蛛蜂 🖊22~25mm。⏱7~9月(夏季)。🍃鬼蜘蛛纲(幼虫)。身体呈黑色，能够麻醉蜘蛛进行捕获，随后拖走产卵。

苏拉威蜾蠃 🖊15mm左右。⏱6~8月(夏季)。🍃飞蛾类幼虫(幼虫)。腹部有较粗的黄色条纹，擅于建造葫芦瓶状的巢穴。

蜾蠃科

黑胸蜾蠃 🖊18mm左右。⏱6~9月(夏季)。🍃飞蛾类幼虫(幼虫)。腹部有2条鲜明的黄色条纹，常停息在叶片上。

马蜂科

异腹胡蜂科

日本马蜂 ✎15mm左右。🕐4~10月(春季)。🍴飞蛾类幼虫(幼虫)。身体呈黑色，捕食飞蛾类幼虫，属于捕食性昆虫。

长足异腹胡蜂 ✎10~22mm。🕐4~9月(夏季)。🍴昆虫幼虫(幼虫)。擅于在树枝上建造形似蛇蜕下的皮一样的巢穴，哺育幼虫。

胡蜂科

胡蜂科

细黄胡蜂 ✎10~19mm。🕐4~10月(夏季)。🍴昆虫尸体。腹部有黄色条纹，如果不慎触动蜂窝，将成群出动追击触碰者，非常危险。

黑尾胡蜂 ✎26mm左右。🕐4~9月(夏季)。🍴昆虫。身体呈黑色，多毛，腹部黄色花纹较宽，形似波纹。

285

单色拟瘦姬蜂 ⬛25mm左右。🕐5~7月(夏季)。🐛梨剑纹夜蛾幼虫。身体呈浅黄色，腹部呈布袋形状，触角呈线状。

丽软姬蜂 ⬛23mm左右。🕐5~7月(夏季)。🐛蝴蝶类幼虫。腹部细长，呈红色，在蝴蝶类幼虫体内产卵。

白纹姬蜂 ⬛13~15mm。🕐5~7月(夏季)。🐛蝴蝶类幼虫。身体呈黑色，触角及腿部有鲜明的白色条纹。

日本栉姬蜂 ⬛12~14mm。🕐4~7月(夏季)。🐛飞蛾类幼虫。身体呈黑色，腹部有黄色条纹和点状花纹。

姬蜂科

地蚕大铗姬蜂 🐛14mm左右。⏰5~6月(夏季)。🍴飞蛾类幼虫。身体呈黑色，在飞蛾类幼虫的体内产卵。

钩腹蜂科

条纹钩腹蜂 🐛9~11mm。⏰7~9月(夏季)。🍴马蜂类、蝴蝶类幼虫等。身体呈黑色，前胸背板呈红色。

瘿蜂科

卵

柞枝球瘿瘿蜂 🐛4mm左右。⏰12月~翌年3月(春季)。身体极小，在冬芽上产卵，初夏开始膨大。

瘿蜂科

虫瘿

麻栎纯瘿蜂 🐛2~3mm。⏰5~6月(夏季)。在麻栎类树木上产卵，筑起20~30mm的虫瘿，但会导致麻栎树无法茁壮生长。

瘿蜂科

虫瘿

板栗瘿蜂 🐛3mm左右。⏰6~7月(夏季)。寄生在栗树芽上，筑起10~15mm的虫瘿，会影响栗树开花和结果。

瘿蜂科

虫瘿

栎瘿蜂 🐛3~4mm。⏰7~8月(夏季)。夏季孵化，在橡树的小树枝上筑起10~20mm的虫瘿。

直翅目> 蝗科

成虫(赤褐色型)　　　　　　　　　成虫(褐色型)

成虫(绿色型)　　　　　　　　　交配(小型个体为雄性)

中华稻蝗

✐ 21~36mm。 ⏰ 8~10月(秋季)。 🌾 禾本科植物。 身体呈绿色、褐色、赤褐色等多种颜色，栖息在水田和旱田中，在地下产卵。雄性交配时需要爬上雌性的背部。

蝗科

雄性(褐色型)

雄性(绿色型)   雌性(绿色型)

黄胫小车蝗

🦗32~65mm。☀7~10月(秋季)。🌿禾本科植物。身体呈褐色，雄性前胸背板有鲜明的X形花纹。雌性远远大于雄性，并且有绿色变异个体。

289

蝗科

云斑车蝗
⌀35~65mm。☺7~11月(秋季)。🌿豆科植物等。身体呈绿色型及褐色型,前胸背板中央有不规则凸起的线。常栖息在山地的草丛中或坟墓旁。

蝗科

日本黄脊蝗
⌀50~70mm。☺4~10月(秋季)。身体呈浅褐色,眼睛下方有深色条纹。颜色近似地表,又被称作"地蝗"和"土蝗"。形似尸体,故也被称作"送葬蝗"。

蝗科

雌性

雄性　　　　　　　　　　　若虫

长翅素木蝗

🔗27~50mm。🕐8~10月(秋季)。🌿豆科植物。身体呈黑褐色，复眼上有条纹。栖息在耕地周边的草丛中，若虫没有翅膀，不能飞行。

蝗科

蝗科

疣蝗 📏 24~35㎜。🕐 6~10月(秋季)。🍃各种植物。常停息在阳光灿烂的山路或耕地周边的植物叶片上。

日本鸣蝗 📏 20~30㎜。🕐 6~8月(夏季)。🍃禾本科植物等。身体呈亮黄色，常栖息于山地的向阳面草丛中或坟墓周边。

蝗科

蝗科

黑膝绿洲蝗 📏 17~30㎜。🕐 7~10月(秋季)。🍃禾本科植物等。身体呈浅褐色，前翅与后腿摩擦时发出"沙沙"声。

胡须蝗 📏 25~27㎜。🕐 7~10月(秋季)。🍃禾本科植物等。身体呈黄褐色，翅膀极长，触角如同胡须一般。

蝗科

雌性(绿色型)

雌性(褐色型)　　　　　　　　　　　　雌性(绿褐色型)

中华蚱蜢

⫽ 40~80mm。 ⏱ 7~11月(秋季)。 🌿 禾本科植物。 身体呈绿色，雌性体形大于雄性。抓住其长长的后腿，身体会上下移动，仿佛在舂米一般。

蝗科

中华蚱蜢　　　　　　　　雄性(绿色型)　　　　　　　雄性(褐色型)

✎ 40~80mm。🕐 7~11月(秋季)。🌿 禾本科植物。身体颜色分为绿色型和褐色型。雄性体形比雌性小，雄性飞行时摩擦翅膀发出"哒哒"声。

剑角蝗科

斑腿蝗科

二色戛蝗　✎ 25~27mm。🕐 9~10月(秋季)。
🌿 禾本科植物。形似中华蚱蜢，但后腿短，便于区别。

长翅幽蝗　✎ 24~40mm。🕐 7~10月(秋季)。
身体呈绿色，前翅长于腹部末端，若虫群居生活。

斑腿蝗科

成虫　　　　　　　　　　　　　　　　若虫

玛安秃蝗 〆25~35mm。🕐6~9月(夏季)。🐛各种植物。腹部末端上翘。成虫与若虫都无法飞行，只能跳跃前行。

斑腿蝗科

斑腿蝗科

贝氏安秃蝗 〆18~27mm。🕐5~8月(夏季)。身体呈草绿色，没有翅膀，无法飞行，是栖息在草地的韩国特有种。

白纹翘尾蝗 〆24~30mm。🕐7~10月(秋季)。🐛各种植物。前胸背板两侧有2个清晰的细长黄色花纹。

锥头蝗科

雄性(绿色型)

雌性(绿色型)

雄性(褐色型)

雌性(褐色型)

长额负蝗

∥20~42mm。⏰6~11月(秋季)。🌿各种植物。身体呈绿色型或褐色型，头部呈圆锥形，较长。雄性体形远小于雌性，形似中华蚱蜢。

蚱科

成虫 若虫①

若虫② 若虫③

若虫④ 若虫⑤

日本蚱

⬦7~13mm。☉3~11月(春季)。🍃各种植物。身体呈灰褐色，但不同个体有较多变异。体形小，又被称为"矮个儿蚱蜢"，栖息于山地的草丛中或耕地上。

蚱科

长翅悠背蚱 〔9~13mm。⏰3~10月(夏季)。身体呈灰褐色，但体色变异较多，后翅长而发达，成虫越冬。

蚱科

日本羊角蚱 〔16~21mm。⏰全年(秋季)。身体呈灰褐色，触角呈浅黄色，前胸背板上有形似尖刺的凸起。

蚱科

长盾蚱 〔6~9mm。⏰3~11月(夏季)。🌿各种植物。身体呈黄褐色，长翅型居多，栖息于湿气重的草丛中。

蚤蝼科

日本蚤蝼 〔5~5.5mm。⏰4~10月(夏季)。🌿各种植物。体格如同粟米，如跳蚤般擅长跳跃。

螽斯科

暗褐蝈螽

✎ 33~45mm。⏰ 7~10月(秋季)。🍴 小型昆虫、植物。体胖、翅短，栖息于山地或原野的草丛中。白天隐藏在草丛中发出"唧唧"的鸣叫声。

螽斯科

布氏寰螽

✎ 25~30mm。⏰ 6~8月(秋季)。🍴 昆虫、植物。身体呈褐色，体肥，与褐色的乌苏里拟寰螽极为形似。雄性用短小的前翅发声，但无法飞行。

螽斯科

成虫

若虫 ①

若虫 ②(终龄期)

乌苏里拟寰螽

📏 25~30mm。 ⏰ 8~10月(秋季)。 🍴 小型昆虫、植物。**身体呈暗褐色,腹部呈亮绿色,栖息于山地的草丛中。若虫外形与成虫相似,但前翅不发达。**

螽斯科

成虫

若虫

小翅螽 ✎22~32mm。⏰6~9月(夏季)。🍴小型昆虫、植物。身体呈黑褐色，栖息于水边的草丛中，雄性白天发出"喊哩喊哩"的鸣叫声。

螽斯科

螽斯科

长翅螽斯 ✎28~34mm。⏰7~9月(夏季)。🍴昆虫。身体呈鲜绿色，栖息于溪流边或水边的草丛中。

日本似织螽 ✎25~35mm。⏰9~10月(秋季)。🍴昆虫。身体呈绿色，栖息于草丛，发出"斯依——唧"的鸣叫声，与织布声音极为相似。

螽斯科

雌性(绿色型)

雄性(绿色型)　　　　雌性(褐色型)

日本条螽

✐ 33~37mm。⏱ 8~10月(秋季)。🌿 各种植物。身体呈绿色，在背部中央位置，雄性有褐色条纹，雌性有白色条纹。身体颜色有褐色变异个体。

螽斯科

成虫　　　　　　　　　　　　　若虫

黑角露螽

🗡 28~35mm。🕐 6~11月(秋季)。🌿各种植物。身体呈绿色，腿部与触角呈黑色，极长。若虫形似成虫，但身体小，翅膀尚未发育完全。

螽斯科

中华露螽

🗡 29~40mm。🕐 6~11月(夏季)。🌿各种植物。身体呈浅绿色，翅膀远远长于身体，啃噬山地的草丛或耕地周边的草叶生存。

螽斯科

大掩耳螽

✐ 50~55mm。 ⏰ 9~10月(秋季)。 🍃各种植物。身体呈绿色，背部中央有赤褐色的条纹。前翅有网状花纹，触角呈黑褐色，极长。

螽斯科

长裂华绿螽

✐ 45~55mm。 ⏰ 7~10月(夏季)。 🍃昆虫、各种植物。身体呈绿色，以山地周边的草叶或树叶为食。两个前翅相互摩擦发出"唧唧唧唧"的低音鸣叫声。

螽斯科

成虫(绿色型)

成虫(褐色型)

钝锥头螽

🗡 35~55mm。⏱ 9~10月(秋季)。🍽 昆虫、植物等。身体有绿色型和褐色型,栖息于田地和河川周边的草丛中。雄性发出"唧——"的鸣叫声,雌性产卵管极长。

草螽科

雌性

雄性　　　　　　　　　　　　　　　　　　　　　　若虫

豁免草螽

🗡25~52㎜。☀8~10月(秋季)。🍃小型昆虫、植物。身体呈绿色，背部呈浅褐色。雌性产卵管极长，外形似尾巴，常见其紧紧抓住草叶茎干的模样。

草螽科

斑翅草螽 ✎ 22~27㎜。☺ 8~10月(秋季)。
🍂 昆虫、植物。身体有绿色型和褐色型，
翅膀上有黑色点状花纹。

螽斯科

中华草螽 ✎ 20~30㎜。☺ 6~10月(秋季)。
🍂 小型昆虫、植物。身体呈浅绿色，前翅
远远长于腹部末端。

蟋蟀科

黄脸油葫芦 ✎ 26~40㎜。☺ 8~11月(秋季)。🍂 小型昆虫、植物。身体呈黑褐色，
在草丛中不易被发现。

蟋蟀科

斑点双针蟋 ✎ 6~8㎜。☺ 6~11月(秋季)。🍂 小型昆虫、植物。身形小，斑斑点点，藏匿
在草丛石头下或落叶下发出细微的鸣叫声。

蟋蟀科

日本蛉蟀 ◢5~7mm。⏱5~8月(夏季)。身体呈黑色，腿部呈浅褐色，虽然属于蟋蟀类，但无发音器官，所以无法鸣叫。

蟋蟀科

双带拟蛉蟋 ◢6~8mm。⏱8~10月(秋季)。身体呈浅灰色，擅于爬树枝，鼓室发达的雄性全天鸣叫。

蟋蟀科

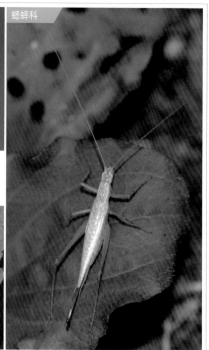

长瓣树蟋 ◢11~20mm。⏱8~10月(秋季)。🌿各种植物。身体呈浅豆绿色，体细长，雌性的产卵管尖锐、细长。

脉翅目> 蚁蛉科

成虫　　　　　　　　　　　　　　　幼虫(蚁狮)

耀哈蚁蛉 ◢36~45mm。⏱5~9月(夏季)。🐜蚂蚁等(幼虫)。成虫的翅膀虽然大，但无法飞行。幼虫蚁狮挖掘漏斗状的洞穴，撒上沙子，捕食蚂蚁。

草蛉科

成虫

幼虫 　　　　　　　　　　　　　　　　卵

大草蛉

✐15mm左右。⏱5~8月(夏季)。🍴蚜虫等。**身体呈草绿色，细线末端悬挂着椭圆形的卵，粘贴在叶子背面或茎干上。幼虫爬行于草丛中捕食。**

蝶角蛉科

螳蛉科

黄花蝶角蛉 ⬮20~25㎜。🕐4~6月(春季)。身体呈黑色，翅膀呈黄色，初春时节飞行于地势较低的山地或草地间。

日本螳蛉 ⬮8~17㎜。🕐7~8月(夏季)。🍽日本红螯蛛卵巢(幼虫)。外形与螳螂极其相似，故此得名。

溪蛉科

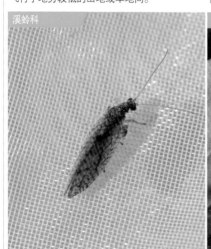

溪蛉科

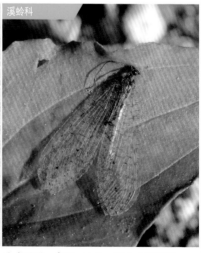

哈离溪蛉 ⬮10㎜左右。🕐6~8月(夏季)。🍽蚜虫类等。身体呈浅褐色，前翅上网状图案错落交织。

小点翼蛉 ⬮35㎜左右。🕐5~8月(夏季)。🍽蚜虫类等。身体与翅膀呈黑色，翅膀比身体更大更宽。

成虫

若虫   卵巢(卵块)

中华刀螳

🗡68~95mm。⏲7~11月(秋季)。🍴昆虫等。身体呈绿色，形似镰刀的粗壮前腿能够瞬间捕获食物。若虫虽然外形与成虫相似，但体格非常小。

螳螂科

北大刀螳　　　　　　　　　　　成虫　　　　　　　　　　卵巢(卵块)

✐ 65~92mm。⏱ 9~11月(秋季)。🦗 昆虫。身体呈绿色，比中华刀螳更细，捕食移动中的昆虫。在树枝和石头等坚硬的地方产下卵块越冬。

螳螂科

棕污斑螳　　　　　　　　　　　成虫　　　　　　　　　　卵巢(卵块)

✐ 40~58mm。⏱ 8~10月(秋季)。🦗 昆虫等。身体呈灰褐色或黑褐色，比中华刀螳体格小。在树枝和石头等坚硬的地方产下褐色的卵块。

蜚蠊目>姬蠊科

成虫   若虫

日本姬蠊
✍ 12~14mm。 🕐 4~10月(夏季)。 🍴 杂食性。虽然外形与家中见到的蟑螂外形相似,但它只栖息在山中,以落叶和腐殖质为生。若虫身体呈黑色,边缘呈黄色。

革翅目>球蠼科   球蠼科

考氏敬球蠼 ✍ 15~22mm。🕐 4~11月(夏季)。🍴小型昆虫、各种植物等。常见其穿梭爬行于叶片和茎干之间。

日本张铁蠼 ✍ 16mm左右。🕐 5~9月(夏季)。🍴小型昆虫、动物尸体等。在地表停留片刻后爬上叶片,并来回穿梭爬行。

红灰蝶

花^{上遇}
见的
昆虫

鞘翅目> 天牛科

曲纹花天牛　　　　　　　　　　雌性　　　　　　　　　　　　　　　　　雄性

✐ 12~18㎜。⏰ 5~8月(春季)。🌸 茶条槭、一年蓬、欧洲荚蒾等(成虫)。停息在各种花朵上吸食花粉并交配。雌性的腿部呈赤褐色，雄性的腿部呈黑色。

天牛科

天牛科

赤杨伞花天牛 ✐ 12~22㎜。⏰ 5~9月(春季)。🌸 海棠花、绣线菊等(成虫)。身体呈红色，停息在花朵上吸食花粉。

橡黑花天牛 ✐ 12~17㎜。⏰ 5~8月(春季)。🌸 茶条槭、小米空木等(成虫)。停息在各种花朵上吸食花粉。

天牛科

格氏肿腿花天牛 /11~17mm。④4~8月(春季)。白檀、茶条槭等。橘黄色的鞘翅上有10个黑色点状花纹。

天牛科

十二斑花天牛 /11~15mm。⑤5~8月(春季)。身体呈黑色,有12个黄色点状花纹,幼虫以枯木为食。

天牛科

类似绿虎天牛 /10~13mm。⑥6~7月(夏季)。停息在各种花朵上,疾速移动,吸食花粉。

天牛科

黑角驼花天牛 /8~10mm。⑤5~7月(春季)。身体呈黑褐色,鞘翅上有4条黄色条纹,以花粉为食。

317

花金龟科

基本形

异形①

异形②

异形③

小青花金龟

🗡 10~14mm。⏰ 3~10月(春季)。🌸 花粉(成虫)。身体呈绿色或褐色，鞘翅上有点状花纹，存在较多变异。多只聚集在花朵上吸食花粉并交配。

花金龟科

花金龟科

姬虎斑花金龟 ✐8~13mm。⏱4~11月(春季)。🍴一年蓬、大蓟菜等(成虫)。形似老虎，幼虫以腐木为食。

黄斑短突花金龟 ✐11~14mm。⏱4~10月(春季)。🍴小米空木、刺梅等(成虫)。身体呈黑色，鞘翅中央有浅黄色花纹。

胖金龟科

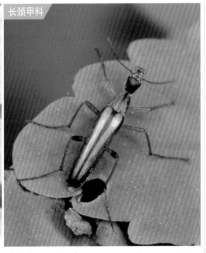

长颈甲科

窄日胖金龟 ✐4~7mm。⏱4~10月(春季)。🍴花粉(成虫)。体形小，常深入花朵中吸食花粉，不易被发现。

苍白长颈甲 ✐12~14mm。⏱5~6月(春季)。🍴腐木(幼虫)。形似橡黑花天牛，但前胸背板呈三角形，便于区分。

拟天牛科

拟天牛科

绿色拟天牛 ✏️5~7㎜。⏱4~5月(春季)。🍴大蓟菜等(成虫)。身体呈绿色，具有光泽，聚集在各种花朵上吸食花粉。

同色拟天牛 ✏️9.5~10.5㎜。⏱4~5月(春季)。🍴花粉(成虫)。身体呈暗青色，常聚集在黄色和白色的花朵上。

拟天牛科

吉丁虫科

黄胸粗腿拟天牛 ✏️8~12㎜。⏱4~6月(春季)。🍴蒲公英等(成虫)。身体细长，深入花朵中觅食，不易被发现。

小宽细纹吉丁 ✏️3~5㎜。⏱5~7月(春季)。🍴花粉(成虫)。前胸背板边缘呈鲜明的红色，常聚集在花朵上。

叶甲科

蓝色九节跳甲

✏️3.2~4㎜。⏱4~11月(春季)。🍴花粉(成虫)。停息在蒲公英和一年蓬等的花朵上吸食花粉，就像一个小黑点。粗壮发达的后腿似跳蚤，擅长跳跃移动。

花蚤科

短尾花蚤 ✎5~6.5㎜。⏱5~7月(夏季)。⚘一年蓬、刺梅、普斯伦莓叶委陵菜等(成虫)。以花粉为食,像跳蚤一样跳跃前行。

花蚤科

耳斑花蚤 ✎5.2~5.5㎜。⏱5~7月(夏季)。⚘花粉(成虫)。鞘翅上有褐色花纹,尾部尖锐如刺。

皮蠹科

小圆皮蠹 ✎2~3㎜。⏱4~6月(春季)。身体滚圆,吸食花粉,幼虫以干燥的动物质和植物质为食。

露尾甲科

扁腰露尾甲 ✎2.4~3.7㎜。⏱5~7月(春季)。⚘花粉、果实(成虫)。身体呈黄褐色,具有较多浅褐色绒毛,常聚集在花朵上。

象甲科

黄斑船象 ✎7~10㎜。⏱5~8月(夏季)。⚘花粉(成虫)。身体呈黑色,鞘翅有黄白色绒毛,常聚集在花朵上。

象甲科

杨干小隐喙象 ✎1.8~2.6㎜。⏱6~8月(夏季)。⚘花粉(成虫)。身体呈赤褐色,体格小如芝麻,喙部较细。

鳞翅目 > 凤蝶科

成虫(翅膀表面)

成虫(翅膀腹面)

柑橘凤蝶

🗡65~110mm。⏱4~10月(春季)。🌸杜鹃花、红百合等(成虫)。**翅膀形似老虎的斑纹，常聚集在山间和原野中的花朵上吸食花蜜。后翅腹面有清晰的红色花纹。**

凤蝶科

幼虫(3龄)　幼虫(终龄期)

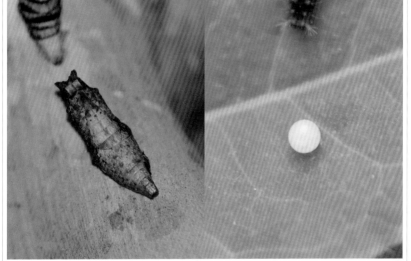

蛹　卵

柑橘凤蝶

✐65~110mm。⏱4~10月(春季)。🌿青花椒、栀子树、黄柏等(幼虫)。幼虫1~4龄形似鸟粪，但终龄期（5龄）时则变为深绿色。

凤蝶科

翅膀表面

翅膀腹面

虎凤蝶

📏 45~55mm。⏰ 4~6月(春季)。🌿 细辛、白斑细辛(幼虫)。吸食杜鹃、猪牙花、堇菜等的花蜜，蛹越冬。雄性在雌性腹部末端造就交配囊。

凤蝶科

凤蝶科

白绢蝶 📏 48~65mm。⏰ 5~6月(春季)。🌿 延胡索等(幼虫)。聚集在花朵上吸食花蜜，雄性在雌性腹部末端造就交配囊。

丝带凤蝶 📏 50~65mm。⏰ 4~9月(夏季)。🌿 北马兜铃等(幼虫)。翅膀仿佛绸子布一般，尾部极长。

凤蝶科

碧翠凤蝶

✎ 80~120mm。 🕐 4~9月(春季)。 🌱青花椒、黄柏、常山等(幼虫)。外形似燕子。聚集在花朵上吸食花蜜，偶尔落在地表饮水。

凤蝶科

眼蝶科

珠美凤蝶 ✎ 85~100mm。 🕐 5~8月(夏季)。 🌱青花椒、花椒等(幼虫)。吸食高粱花和百合等花朵的花蜜。

蛇眼蝶 ✎ 50~65mm。 🕐 6~9月(夏季)。 🌱芒草等(幼虫)。聚集在一年蓬等的花朵上吸食花蜜，翅膀颜色灰重，易被误认为是飞蛾。

蛱蝶科

布网蜘蛱蝶　　　　　　　　　　　　　春季型　　　　　　　　　　　　　夏季型

✎35~40mm。⏱5~8月(春季)。🍃荨麻、长白苎麻等(幼虫)。翅膀腹面具有网状花纹，形似蜘蛛网。春季型和夏季型的花纹各不相同。

蛱蝶科

小红蛱蝶　　　　　　　　　　　翅膀表面　　　　　　　　　　　翅膀腹面

✎40~50mm。⏱4~11月(夏季)。🍃蒙古蒿、艾蒿等(幼虫)。聚集在菊花和大波斯菊等的花朵上吸食花蜜，翅膀花纹华丽。翅膀表面和腹面差异较大。

蚬蝶科

豹蛱蝶 ✐ 65~80mm。⏱ 6~9月(夏季)。🐛董菜类等(幼虫)。吸食大蓟菜等花朵的花蜜，在闷热的7~8月进行夏眠。

蚬蝶科

热带豹蛱蝶 ✐ 55~70mm。⏱ 6~10月(夏季)。🐛茜董菜等(幼虫)。翅膀腹面有银色花纹，聚集在花朵上吸食花蜜。

蚬蝶科

老豹蛱蝶 ✐ 55~70mm。⏱ 6~10月(夏季)。🐛董菜类等(幼虫)。飞行于草丛之中吸食花蜜，夏眠后于9月重新开始活动。

蚬蝶科

红老豹蛱蝶 ✐ 60~75mm。⏱ 6~10月(夏季)。🐛董菜类等(幼虫)。翅膀的花纹与黄钩蛱蝶非常相似，易误认。

蛱蝶科

成虫(翅膀表面)　　　　　　　　　　　成虫(翅膀腹面)

幼虫　　　　　　　　　　　　　　　　蛹

斐豹蛱蝶

⌀60~70mm。🕐7~10月(夏季)。🌿堇菜类等(幼虫)。聚集在大蓟菜和大波斯菊的花朵上吸食花蜜。幼虫背部有红色条纹,蛹呈黄褐色,有较多凸起。

粉蝶科

粉蝶科

斑缘豆粉蝶 ⬡40~50mm。⏱3~10月(春季)。🍃紫云英、截叶铁扫帚、白车轴草等(幼虫)。飞行于村落周边、河川、山地的草丛中，吸食花蜜。

宽边黄粉蝶 ⬡35~45mm。⏱3~11月(夏季)。🍃截叶铁扫帚、合欢等(幼虫)。低飞于田野之中，聚集在花朵上吸食花蜜。

粉蝶科

粉蝶科

黄尖襟粉蝶 ⬡45~50mm。⏱4~6月(春季)。🍃荠菜、旗杆芥等(幼虫)。翅膀呈白色，末端呈橘黄色，如钩子一般弯曲。

黑脉菜粉蝶 ⬡50~60mm。⏱4~10月(春季)。🍃白花碎米荠、凤花菜、白菜、萝卜等(幼虫)。聚集在原野上盛开的各色鲜花上，吸食花蜜。

粉蝶科

粉蝶科

东方菜粉蝶 ✎ 40~50㎜。☉ 4~10月(夏季)。🐛 山芥菜、凤花菜等(幼虫)。飞行于耕地和山林边际附近，吸食花蜜。

菜粉蝶 ✎ 40~47㎜。☉ 4~10月(春季)。🐛 白菜、萝卜等(幼虫)。栖息在种植白菜和萝卜的耕地旁，吸食荞麦和大蓟菜等的花蜜。

灰蝶科

灰蝶科

蓝燕灰蝶 ✎ 32~36㎜。☉ 4~8月(春季)。🐛 苦参、洋槐、鼠李树等(幼虫)。疾速飞行于草丛中，聚集在一年蓬等的花朵上吸食花蜜。

琉璃灰蝶 ✎ 22~23㎜。☉ 3~10月(夏季)。🐛 胡枝子、苦参、葛藤等(幼虫)。聚集在山地或草丛中的花朵上，吸食花蜜，蛹越冬。

灰蝶科

灰蝶科

蓝灰蝶 ✎ 20~30mm。☀ 4~10月(春季)。🍃
鸡眼草、山野豌豆等(幼虫)。聚集在蒲公英、
山野豌豆、一年蓬等的花朵上吸食花蜜。

珠灰蝶 ✎ 27~30mm。☀ 5~10月(夏季)。🍃
山野豌豆、龙牙草等(幼虫)。飞行于低山地
田野和水田田埂上，吸食花蜜。

灰蝶科

灰蝶科

橙昙灰蝶 ✎ 34~38mm。☀ 5~10月(夏季)。
🍃皱叶酸模(幼虫)。翅膀呈橘红色，吸食田
野中蒲公英和蓼等的花蜜。

红昙灰蝶 ✎ 27~35mm。☀ 4~10月(春季)。
🍃小酸模、皱叶酸模等(幼虫)。吸食白车轴
草和一年蓬等的花蜜。

弄蝶科

弄蝶科

直纹稻弄蝶 ✎ 34~40㎜。⏱ 5~11月(夏季)。🐛芒草、狗尾草、稻子等(幼虫)。吸食菊花、荞麦、戟叶蓼等花朵的花蜜。

山地谷弄蝶 ✎ 33~40㎜。⏱ 4~8月(夏季)。🐛芒草等(幼虫)。翅膀呈黑褐色,翅膀中央有白色点状花纹。

弄蝶科

弄蝶科

豹弄蝶 ✎ 28~31㎜。⏱ 6~8月(夏季)。🐛藜草、狗尾草等(幼虫)。吸食一年蓬和矮桃等的花蜜,在禾本科植物上产卵。

深山珠弄蝶 ✎ 36~42㎜。⏱ 4~5月(春季)。🐛柞栎、枹栎等(幼虫)。疾速飞行,吸食悬钩子和堇菜等的花蜜。

332

天蛾科

黑长喙天蛾

🗡50mm左右。⏰7~9月(夏季)。🍴鸡矢藤等(幼虫)。**身体呈褐色，尾部呈黑色。常见其如蜂鸟一般，为了吸食花蜜而在空中静止飞行。**

天蛾科

青背长喙天蛾

🗡42~45mm。⏰7~10月(夏季)。🍴茜草等(幼虫)。飞向花朵，探出长长的喙吸食花蜜。仿佛落入花中的新媳妇一般美丽。

鹿蛾科

锚纹蛾科

蕾鹿蛾 🖋31~42㎜。🕐7~8月(夏季)。停息在原野中的花朵上吸食花蜜，圆胖的腹部形似蜜蜂，外观具有威胁性。

锚纹蛾 🖋29~33㎜。🕐4~8月(春季)。🌿蕨类植物(幼虫)。翅膀末端尖锐，有橘红色半月形花纹，外形似朴喙蝶。

网蛾科

绢蛾科

尖尾网蛾 🖋16~18㎜。🕐5~8月(夏季)。疾速飞行于原野中开放的花朵间，吸食一年蓬等花朵的花蜜。

中华绢蛾 🖋11~14㎜。🕐6~7月(夏季)。身体细长，前翅上有黄色点状花纹，常聚集在黄色和白色的花上。

夜蛾科

夜蛾科

黏虫 ∥40~48mm。⏱4~10月(夏季)。🌾稻子、大麦等(幼虫)。翅膀呈黄褐色，啃噬禾本科植物，给农作物带来危害。

银纹夜蛾 ∥33~35mm。⏱6~10月(夏季)。🌾豆科(幼虫)。前翅中央有银色花纹，故此得名。

半翅目 > 蝽科

蝽科

茶翅蝽 ∥12~18mm。⏱全年(秋季)。🌾各种植物、果实。吸食农作物和果树的汁液，有时也聚集在花朵上吸食汁液。

斑须蝽 ∥9~15mm。⏱3~11月(夏季)。🌾豆科、禾本科植物，果树等。飞行于山地、原野中盛开的花朵间，并停息在花朵上吸食汁液。

335

蝽科

蝽科

北方辉蝽 ✎8~10㎜。🕐5~10月(夏季)。
身体呈褐色,前胸背板尖锐如刺,将喙插
入花中吸食汁液。

紫蓝曼蝽 ✎7~10㎜。🕐4~11月(夏季)。
🌿麻栎树、柿子树等。聚集在各色花朵
上,插入喙,吸食汁液。

跷蝽科

龟蝽科

大成山肩跷蝽 ✎8㎜左右。🕐5~10月(夏
季)。腿细如线,聚集在花中吸食汁液,是
仅存于韩国的特有品种。

暗纹圆龟蝽 ✎3~4㎜。🕐4~10月(夏季)。
🌿豆科植物等。停落在各色花朵顶端,外
形似圆卵一般。

姬缘蝽科

黄伊缘蝽 ∅5~9mm。⏱4~10月(春季)。🌿禾本科、菊科植物等。吸食盛开在原野或山坡的草地间各色花朵的汁液。

姬缘蝽科

褐伊缘蝽 ∅6~9mm。⏱4~10月(春季)。🌿禾本科、菊科植物等。聚集在山地或草地间各色花朵上吸食汁液。

长蝽科

日本小长蝽 ∅3~6mm。⏱2~11月(夏季)。🌿菊花类、草地早熟禾等。群聚在草地间盛开的多种菊科植物花朵上吸食汁液。

长蝽科

宽大眼长蝽 ∅4~6mm。⏱5~11月(夏季)。🌿柚子树、橘子树等。复眼凸出,聚集在各色花朵上吸食汁液。

长蝽科

中国脊长蝽 ∅9~11mm。⏱4~11月(夏季)。🌿萝藦等。聚集在山坡或耕地周边的花朵上吸食汁液。

双翅目 > 食蚜蝇科

雄性　　　　　　　　　　　　　　　　　　雌性

灰带管蚜蝇

✎ 10~13mm。⊙ 4~10月(春季)。身体呈黑色，腹部有黄褐色条纹。聚集在山地和原野中各色花朵上吸食花粉，外形与蜜蜂极为相似。

食蚜蝇科

基本形　　　　　　　　　　　　　　　　　异形

狭带条胸蚜蝇

✎ 12~14mm。⊙ 3~11月(春季)。🍂 腐朽植物(幼虫)。身体呈黑褐色，后腿粗壮。存在腹节处有较多黄色花纹的异形，擅长疾速飞行寻找花朵。

食蚜蝇科

食蚜蝇

基本形

异形

食蚜蝇 ✎ 14~16㎜. ⏱ 4~11月(夏季). 身体呈深黑褐色，腹部有赤褐色花纹，异形腹部的赤褐色花纹有所不同。聚集在各色花朵上吸食花粉为生。

食蚜蝇科

食蚜蝇科

羽芒宽盾蚜蝇 ✎ 12~16㎜. ⏱ 6~10月(夏季). 腹部呈褐色，有黑色条纹。吸食菊科植物的花粉。

短腹管蚜蝇 ✎ 11㎜左右. ⏱ 4~11月(夏季). 身体呈黑色，腹部有清晰的白色横向条纹，吸食花粉为生。

食蚜蝇科

雄性 雌性

亮黑斑眼蚜蝇
🖊11~12mm。🕐5~11月(夏季)。身体呈黑色,复眼呈黄色,寻觅花朵吸食花粉。与雄性不同,雌性的前胸背板和腹部的黄色条纹更多。

食蚜蝇科

食蚜蝇科

黄环粗股蚜蝇 🖊8~10mm。🕐5~10月(夏季)。🐛腐朽植物(幼虫)。后腿粗壮似肌肉块,聚集在花朵上吸食花粉。

圆腰木蚜蝇 🖊10~11mm。🕐5~8月(夏季)。🐛腐朽植物(幼虫)。身体呈黑色,后腿粗壮,其他腿纤细。

食蚜蝇科

圆褐蜂蚜蝇 〆15~16mm。⏱7~9月(夏季)。🔸马蜂类尸体(幼虫)。身体呈红色，腹部呈青蓝色，在马蜂类巢中寄生。

食蚜蝇科

熊蜂拟木蚜蝇 〆11~13mm。⏱5~7月(夏季)。身体呈黑色，腹部有3条黄色横向条纹，吸食花粉为生。

食蚜蝇科

黑带食蚜蝇 〆8~11mm。⏱4~11月(春季)。🔸蚜虫类(幼虫)。身体细长，腹部有黄色条纹，极为常见。

食蚜蝇科

爪哇异食蚜蝇 〆7.5~10mm。⏱4~10月(春季)。🔸蚜虫类(幼虫)。身体呈黄色，前胸背板呈黑色，腹部有褐色条纹。

341

食蚜蝇科

长翅细腹食蚜蝇

雄性 雌性

🔪 8~9mm。🕐 4~11月(春季)。🐛 蚜虫等(幼虫)。身细,呈黑色,前胸背板具有铜色光泽。雄性腹节处无条纹,雌性有条纹。

食蚜蝇科

蜂虻科

凹带后食蚜蝇 🔪 10~12mm。🕐 4~11月(春季)。🐛 蚜虫等(幼虫)。腹部有3条波纹状横向花纹,常聚集在花朵上。

铃木姬蜂虻 🔪 20mm左右。🕐 7~8月(夏季)。身体极细,外形与长柄腹泥蜂极为相似。

大蜂虻 〖7~12mm。⏱4~5月(春季)。🐝姬蜂类幼虫(幼虫)。 身体呈浅黄色，绒毛坚硬，擅长在空中静止飞行。

多毛蜂虻 〖10mm左右。⏱4~5月(春季)。身体布满较多浅黄色绒毛，频繁飞行穿梭于山间盛开的花朵之间吸食花蜜。

不显口鼻蝇 〖5~7mm。⏱6~11月(秋季)。身体呈暗绿色，聚集在菊科植物的花朵上舔食花粉。

草绿等彩蝇 〖9~10mm。⏱6~11月(秋季)。🌼花粉(成虫)。 身体呈草绿色，具有光泽，如同蜂蝇一般聚集在花朵上舔食花粉。

343

寄蝇科

中国星圆点突额蝇 🖊8~12mm。⏱5~10月(夏季)。🐛寄生昆虫。身体呈浅橘黄色，疾速飞行寻觅林中盛开的各种鲜花。

寄蝇科

普通膜腹寄蝇 🖊13mm左右。⏱5~10月(夏季)。🐛寄生蚜虫。身体呈橘黄色，腹部中央有黑色点状花纹。

寄蝇科

黄茸毛寄蝇 🖊15mm左右。⏱5~10月(夏季)。🐛飞蛾类寄生幼虫。体肥，绒毛尖锐，聚集在花朵上吸食花粉。

眼蝇科

黄带眼蝇 🖊10mm左右。⏱8~9月(夏季)。腰部似蚂蚁纤细，越接近腹部末端越粗壮。

膜翅目 > 蜜蜂科

蜜蜂科

西方蜜蜂 ✐10~17mm。⏱3~10月(夏季)。🍯花粉、花蜜(幼虫)。聚集在花朵上吸食花蜜，随后储存在体内，花粉收集在后腿上。

中华蜜蜂 ✐11mm左右。⏱3~11月(春季)。🍯花粉、花蜜(幼虫)。外形似西方蜜蜂，但腹部呈黑色，又名"土种蜜蜂"。

蜜蜂科

蜜蜂科

污长须蜂 ✐12~14mm。⏱4~6月(春季)。🍯花粉、花蜜等(幼虫)。身体呈黑色，触角长如胡须，故此得名。

日本四条蜂 ✐14mm左右。⏱4~6月(春季)。🍯花粉、花蜜等(幼虫)。头部被茸毛覆盖，在地底建巢，收集花粉。

蜜蜂科

红光熊蜂

雄性　　　　　　　　雌性

🖊 12~23mm。⏱ 4~10月(夏季)。🌻 向日葵、南瓜、芝麻等(成虫)。体肥，飞行速度快，常聚集在南瓜花上。雌性呈黑色，雄性呈黄色。

蜜蜂科

黄胸木蜂黑蜂亚种

🖊 20mm左右。⏱ 4~5月(春季)。🌻 花粉、花蜜等(幼虫)。身体呈黑色，前胸背板呈黄色。体形长，较红光熊蜂更大、更肥，飞行时有威胁感。

蜜蜂科

毛足蜂科

凹盾斑蜂 ▱15mm左右。⊙4~10月(夏季)。🌸花粉、花蜜等(幼虫)。蓝色条纹仿佛琉璃一般。

日本毛足蜂 ▱13mm左右。⊙8~9月(夏季)。🌸花粉、花蜜等(幼虫)。身体呈黑色，腹节处黄白色绒毛形成了横向条纹。

隧蜂科

隧蜂科

西方淡脉隧蜂 ▱8mm左右。⊙6~10月(夏季)。🌸花粉、花蜜等(幼虫)。身体呈黑色，腹节有白色条纹，体形极小。

似红腹蜂 ▱8~10mm。⊙4~7月(春季)。🌸花粉、花蜜等(幼虫)。身体呈黑色，短绒毛较多，腹部呈红色。

隧蜂科

隧蜂科

革唇淡脉隧蜂 📏9mm左右。🕐6~10月(夏季)。🍯花粉、花蜜等(幼虫)。腹部有鲜明的白色条纹，如同蜜蜂一般将花粉收集在后腿。

铜色隧蜂 📏8mm左右。🕐8~9月(夏季)。🍯花粉、花蜜等(幼虫)。身体呈铜色，故此得名，采集花蜜和花粉。

切叶蜂科

切叶蜂科

淡翅切叶蜂 📏12mm左右。🕐5~8月(夏季)。🍯花粉、花蜜等(幼虫)。身体呈黑色，黄色绒毛较多，常聚集在花朵上。

蔷薇切叶蜂 📏12~13mm。🕐6~9月(夏季)。🍯花粉、花蜜等(幼虫)。身体呈黑色，将蔷薇藤上的叶片卷起，造出圆形的巢。

蜾蠃科

成虫　　　　　　　　　　　　　　　　巢

镶黄蜾蠃

🗡25~30mm。🕐6~10月(夏季)。🐛蝴蝶类幼虫(幼虫)。栖息在山地和田野的草丛周边，捕食蝴蝶类和锯蜂类等的幼虫。用泥土造成葫芦瓶形状的巢。

蜾蠃科

蜾蠃科

孔蜾蠃　🗡10~13mm。🕐7~9月(夏季)。🐛蝴蝶类幼虫。身体呈黑色，腹部有黄色条纹和点状花纹。

苏拉威蜾蠃　🗡15mm左右。🕐6~8月(夏季)。🐛蝴蝶类幼虫(幼虫)。身体呈黑色，喜在植物的茎干上粘上泥土，造成缸形的巢。

349

蜾蠃科

蜾蠃科

黑胸蜾蠃 🖊18㎜左右。⏱6~9月(夏季)。🐛飞蛾类幼虫(幼虫)。身体呈黑色，腹部有2条鲜明的黄色条纹。

帕氏直盾蜾蠃 🖊10㎜左右。⏱7~10月(夏季)。身体呈黑色，腹部有2条黄色条纹，是韩国的特有品种。

马蜂科

蛛蜂科

斯马蜂 🖊12~25㎜。⏱7~9月(夏季)。🐛飞蛾类幼虫。身体呈黑色，有较多黄褐色花纹，疾速飞行捕食。

背点蛛蜂 🖊22~25㎜。⏱7~9月(夏季)。🐛鬼蜘蛛纲(幼虫)。疾速飞行过程中用刺插入鬼蜘蛛体内，麻醉后在其体内产卵。

土蜂科

黑长腹土蜂
✏ 19~33mm。⏱ 5~8月(夏季)。🐛墨绿彩丽金龟寄生幼虫。身体呈黑色，前胸背板上有较多黄褐色绒毛，腹节上有白色条纹。在墨绿彩丽金龟幼虫的体内产卵。

土蜂科

直翅目 > 蟋蟀科

厚长腹土蜂 ✏ 21~30mm。⏱ 5~8月(夏季)。身体呈黑色，较之土蜂体形细长，腹节上有黄色条纹。

长瓣树蟋 ✏ 11~20mm。⏱ 8~10月(秋季)。🌿各种植物。身体像一条细长的尾巴，主要以草叶为食，也聚集在花朵上吸食花粉。

351

松寒蝉

树上遇见的昆虫

栗山天牛

🖉34~57㎜。⏱6~8月(夏季)。🌿各种阔叶树(幼虫)。身体呈黑褐色，被土黄色绒毛覆盖。雄性的触角长于雌性，喜好向光飞行。

天牛科

脊鞘幽天牛 🖉9~22㎜。⏱6~8月(夏季)。身体呈黑色或黑褐色，触角短，常见于枯木或砍伐木上。

天牛科

红翅杉天牛 🖉11㎜左右。⏱3~7月(春季)。🌿杉木等(幼虫)。体表保护色与树皮颜色接近，常聚集在砍伐木上。

天牛科

大山锯天牛 ✎60~110mm。☺6~9月(夏季)。⬡鹅耳枥树、麻栎等(幼虫)。栖息于没有任何损毁的郁郁葱葱的天然山林中。

天牛科

密点白条天牛 ✎45~52mm。☺6~8月(夏季)。⬡枹栎等(幼虫)。前胸背板有1对肾形斑，鞘翅有5对白色花纹。

天牛科

成虫　　　　　　　　　　　幼虫

中华薄翅天牛 ✎30~55mm。☺5~9月(夏季)。⬡赤杨、辽杨等(幼虫)。身体呈暗褐色，夜晚喜好向光飞行。幼虫啃噬树木为生。

355

天牛科

雄性(左侧个体)

雌性

桃红颈天牛

🗡 23~30㎜。🕐 6~8月(夏季)。🌿 樱花树、桃树等。身体呈黑蓝色,具有光泽,前胸背板两侧有尖锐凸起。雄性比雌性的触角更长。

天牛科

松皮天牛 ✐ 9~20㎜。⏱ 4~7月(春季)。🐛 松树枯木等(幼虫)。身体具有较多点状花纹,斑斑驳驳如同树皮一般。

天牛科

黄纹虎天牛 ✐ 8~19㎜。⏱ 5~8月(夏季)。🐛 柳树、蒙古栎等(幼虫)。形似蜜蜂,疾速爬行于树木上。

天牛科

二色长绿天牛 ✐ 15~30㎜。⏱ 7~9月(夏季)。🐛 麻栎类等(幼虫)。身体呈绿色,具有光泽,常聚集在麻栎类树木的树脂上。

天牛科

白腰芒天牛 ✐ 6~8㎜。⏱ 3~5月(春季)。🐛 楤木等(幼虫)。身体呈黑色,鞘翅上端呈白色。

天牛科

白点星天牛

✏ 25~35㎜。⏱ 6~8月(夏季)。🍃 法国梧桐、柳树等(幼虫)。身体呈黑色，翅膀上有较多白色点状花纹。常见于阔叶树林、都市中的林荫道、庭院中。

天牛科

双带粒翅天牛 ✏ 24~35㎜。⏱ 6~8月(夏季)。🍃 麻栎类枯木(幼虫)。栖息于麻栎类砍伐木或腐木上，具有近似树木颜色的保护色。

天牛科

双簇污天牛 ✏ 19~25㎜。⏱ 4~10月(夏季)。🍃 麻栎、栗子树等。常见于麻栎类砍伐木、蘑菇栽培树上及树林中。

天牛科

四点象天牛 🖊 10~17mm。⏱ 4~8月(夏季)。🍃 麻栎类等(幼虫)。身体呈黑色，具有不规则的黄褐色绒毛，栖息在枯木上。

天牛科

多毛象天牛 🖊 10~17mm。⏱ 6~8月(夏季)。🍃 栗子树、花龙树等(幼虫)。身体呈褐色，鞘翅上有白色点状花纹。

天牛科

云杉小墨天牛 🖊 17~23mm。⏱ 6~8月(夏季)。🍃 松树、红松等(幼虫)。身体呈黑色，聚集在枯木的树枝上产卵。

天牛科

白星墨天牛 🖊 12~15mm。⏱ 6~8月(夏季)。🍃 核桃树等(幼虫)。身体呈黑褐色，鞘翅上有1对白色点状花纹。

锹甲科

雄性

雌性　　　　　　　　　　　　　　　幼虫

栗色巨锯锹甲

✎ 20~53mm。 ☺ 6~9月(夏季)。 ☘ 树脂(成虫)。 **身体呈黑色，雄性上颚巨大，雌性则很小。为便于啃噬麻栎树，幼虫上颚部位已经非常发达。**

360

锹甲科

雄性

雌性

贺氏扁锹甲

🗡 27~53㎜。⏱ 7~8月(夏季)。🍯 树脂(成虫)。身体呈黑色，具有光泽，寿命长达3年之久。雌性远小于雄性，且鞘翅上条纹较多。

锹甲科

直牙大锹甲 雄性 雌性

✐ 20~53mm。⏱ 6~9月(夏季)。🌿 树脂(成虫)。身体呈黑色，形似扁锹形虫，但体形更大，上颚形态不同。幼虫与成虫均可越冬。

锹甲科

细齿扁锹甲

✐ 20~40mm。⏱ 6~9月(夏季)。🌿 树脂(成虫)。形似扁锹形虫，但上颚呈圆形弯曲。栖息于麻栎树丛中，但个体数量很少。

锹甲科

斜洒前锹甲

📏23~40㎜。⏰6~9月(夏季)。🌿树脂(成虫)。身体呈黑褐色或赤褐色，上颚内侧呈锯齿状。抗压能力差，稍微触碰就会引起激烈反抗。

锹甲科

雄性　　　　　　　　　　　　雌性

褐黄前锹甲

📏28~45㎜。⏰5~9月(夏季)。🌿树脂(成虫)。身体呈褐色，前胸背板两侧有黑色点状花纹。

犀金龟科

雄性

雌性　　　　　　　　　　幼虫

双叉犀金龟

✐30~55mm。☀7~9月(夏季)。🌲树脂(成虫)。身体呈黑褐色或赤褐色，力气巨大，雄性有触角，雌性无触角。幼虫在地底以腐叶土为食。

犀金龟科

华扁犀金龟

⫽18~24㎜。⏱5~8月(夏季)。🍯树脂(成虫)。身体呈黑色，略带光泽，前胸背板处有深陷，头部有1个短触角。

花金龟科

成虫   幼虫

白星花金龟

⫽17~22㎜。⏱5~10月(夏季)。🍯树脂(成虫)。身体具有绿褐色、铜色或红色等多种变异，常聚集在树脂上。幼虫以腐殖质为食，用背部移动前行。

花金龟科

雄性　　　　　　　　　　　　雌性

宽带鹿角花金龟
🖊 21~55㎜。⏱ 5~7月(夏季)。🍴树脂(成虫)。雄性呈赤褐色或暗褐色，身上有灰白色粉末，触角形似鹿角。雌性呈深褐色，无触角。

拟步甲科　　　　　　　　　　拟步甲科

葫芦瓶步行虫 🖊 14~16㎜。⏱ 4~11月(春季)。🍴腐木。身体呈黑色，具有光泽，形似葫芦瓶或水瓢。

凹陷齿甲 🖊 9~12.5㎜。⏱ 4~11月(春季)。🍴腐木。身体呈黑色或赤褐色，椭圆形，在麻栎树和松树的树林中越冬。

拟步甲科

达卫邻烁甲　　　　　　　　　　　　成虫　　　　　　　　　　　幼虫

✂ 15~18mm。⏰ 5~9月(夏季)。🍂 腐木(幼虫)。身体呈黑色，栖息于砍伐木和腐木上，幼虫在树木中越冬。幼虫呈长圆形，有黑色条状花纹。

拟步甲科

紫色步行虫　　　　　　　　　　　　成虫　　　　　　　　　　　幼虫

✂ 14~16mm。⏰ 4~11月(春季)。🍂 腐木、枯木(幼虫)。身体呈黑色，鞘翅呈紫色，幼虫在树木中越冬。幼虫呈圆筒形，浅黄色。

拟步甲科

金刚山基菌甲 📏7~9mm。⏱4~11月(夏季)。🍄蘑菇类等。身体呈黑色,椭圆形,鞘翅上端两侧有红色花纹。

大蕈甲科

福周艾蕈甲 📏9~13mm。⏱6月~翌年3月(夏季)。🍄蘑菇类。身体呈黑色,鞘翅上有橘黄色锯齿形花纹。

大蕈甲科
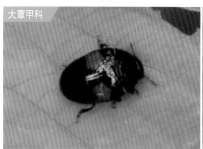

双点圆蕈甲 📏4~4.5mm。⏱6月~翌年3月(夏季)。🍄蘑菇类。身体呈黑色,鞘翅中央有1对红色点状花纹。

长角象科

北方细黑长角象 📏5~10mm。⏱6~8月(夏季)。身体细长、圆筒状,被白色和黄褐色绒毛覆盖,喙极短。

长角象科
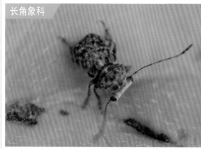

牛头长角象 📏3.7~6.2mm。⏱5~9月(夏季)。身体被黄褐色绒毛覆盖,鞘翅上有较多黑色点状花纹,触角长于身体。

象甲科

大蓟长足象 📏8~10.5mm。⏱5~8月(夏季)。身体呈黑褐色,喙极长,触角呈"∪"形弯曲状。

象甲科

臭蟒沟眶象 ⌀ 7~11㎜。 ⏱ 6~9月(夏季)。
身体呈黑色，前胸背板和鞘翅末端呈白
色，聚集在阔叶树的树脂上。

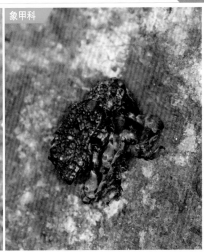

象甲科

漆树米象 ⌀ 15~20㎜。 ⏱ 5~8月(夏季)。
🍂 麻栎树脂等(成虫)。 赤褐色的身体上具有
较多不规则点状花纹，常伪装呈死亡状。

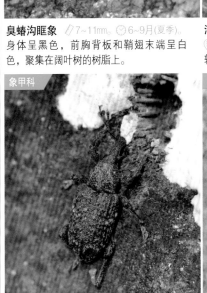

象甲科

苹果麻子米象 ⌀ 13~16㎜。 ⏱ 4~5月(春
季)。 🍂 栗子树根部(幼虫)。 身体呈褐色，鞘
翅上凹凸不平，形似麻子脸。

象甲科

松瘤象 ⌀ 12~23㎜。 ⏱ 5~9月(夏季)。 🍂
麻栎树脂等(成虫)。 身体呈黑褐色，形似砍
伐木，夜间向光聚集。

369

吉丁虫科

桃紫条吉丁

✎30~40㎜。🕐7~8月(夏季)。🍃朴树、榉树(幼虫)。身体呈绿色，有2条红色条纹。

吉丁虫科

蜡斑甲科

四黄斑吉丁 ✎13㎜左右。🕐5~8月(夏季)。🍃桃树等(幼虫)。鞘翅下端有4个黄色点状花纹。

显纹蜡斑甲 ✎12~16㎜。🕐4~10月(夏季)。🍃昆虫。身体呈黑褐色，具有光泽，鞘翅上有2对黄色点状花纹。

叩甲科

深红锥胸叩甲 ⌀ 10~12㎜。🕙 4~7月(春季)。鞘翅呈红色,到了冬季便躲进树木中,成虫越冬。

露尾甲科

四斑露尾甲 ⌀ 7~14㎜。🕙 5~10月(夏季)。🍴树脂(成虫)。身体呈黑色,鞘翅上有2对橘黄色花纹。

拟花蚤科

小拟花蚤 ⌀ 7~14㎜。🕙 5~8月(夏季)。🍴蘑菇等。身体呈暗褐色,圆筒形,聚集在倒塌的树木中长出的蘑菇上。

郭公虫科

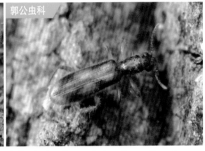

家郭公甲 ⌀ 10㎜左右。🕙 6~8月(夏季)。🍴小型昆虫等(成虫)。身体呈褐色,疾速行走的形态与蚂蚁十分相似。

蛛甲科

日本蛛甲 ⌀ 2~4.5㎜。🕙 2~9月(夏季)。🍴动植物标本、粮食类等(幼虫)。身体呈褐色,每年出现1~2次,幼虫越冬。

窃蠹科

烟草甲 ⌀ 3㎜左右。🕙 6~9月(夏季)。🍴干燥动物、植物(幼虫)。身体呈黄褐色,具有较多短毛,喜食储藏的烟叶。

半翅目> 蝉科

鸣鸣蝉

🖋53~58mm。⏱6~9月(夏季)。🍃树木汁液。身体呈黑色，绿色、黄色、白色的花纹混合在一起。发出"咪依咪依咪依"的鸣叫声。

蝉科

蚱蝉

🖋63~70mm。⏱6~10月(夏季)。🍃树木汁液。身体呈黑色，又叫作"黑蝉"。发出连续的"嚓嘞嘞嘞"的叫声，是蝉科中最为聒噪的一种。

蝉科

松寒蝉

🗡 43~47㎜。⏱ 6~10月(夏季)。🍃 树木汁液。身体呈黑色，有绿色花纹，体格较小。广泛栖息于山地或平地中，清晨早早便开始用各种音调鸣叫。

蝉科

黑胡蝉

🗡 55~60㎜。⏱ 7~9月(夏季)。🍃 树木汁液(成虫)。身体呈黑褐色，前翅与后翅均呈不透明状。栖息于树林中，发出的鸣叫声类似油锅"噼噼啪啪"煎炒的声音。

373

蝉科

蟪蛄

✎ 32~40mm。 ⏱ 6~9月(夏季)。 🍴 树木汁液。身体与翅膀布满了不规则的花纹，停落在树皮上时极不显眼。发出连续的"唧唧"微弱鸣叫。

蝉科

毛蟪蛄

✎ 30~38mm。 ⏱ 8~11月(秋季)。 🍴 树木汁液。外形类似蟪蛄，但身体凹凸不平，前胸背板的花纹也不同。可存活至晚秋。

蜡蝉科

成虫

若虫(3龄)

若虫(4龄)

卵

斑衣蜡蝉

🔪 14~15mm。 ☺ 7~11月(夏季)。 🌿 葡萄树、苹果树等。 前翅呈浅褐色，后翅呈红色。成虫和若虫聚集在果园或山坡的各种树木上吸食汁液。

蜡蝉科

叶蝉科

东北丽蜡蝉 🖊12~14㎜。🕐7~10月(夏季)。🦷树木汁液。身体上布满斑驳的花纹,每条腿上有2条灰色条纹。

日本凹大叶蝉 🖊11~13.5㎜。🕐4~10月(春季)。🦷植物的汁液。前翅末端呈黑色,成虫越冬,初春开始活动。

叶蝉科

成虫   若虫

金刚山新角胸叶蝉
🖊11~14㎜。🕐7~10月(夏季)。🦷麻栎类、葛藤等。身体呈绿色,停落在草叶或树叶上时不易被发现。若虫呈浅草绿色,非常扁平。

376

叶蝉科

成虫   若虫

窗耳叶蝉 🖊 14~18mm。⏱ 5~8月(夏季)。🍃 柞栎、枹栎等。身体呈暗褐色，前胸背板两侧有耳朵状凸起。若虫呈褐色，外形似落叶一角。

蜡蚧科

旌蚧科

日本蜡蚧 🖊 4mm左右。⏱ 全年(秋季)。身体被蜜蜡分泌物覆盖，类似乌龟的外壳。

白箭旌蚧 🖊 3~3.5mm。⏱ 全年(秋季)。🍃 菊花、艾蒿、胡枝子等。身体被形似棉花的白色粉末覆盖，会引起叶片煤污病。

膜翅目 > 胡蜂科

金环胡蜂

✎ 27~44mm。⏱ 4~10月(夏季)。🍴 蜜蜂、树脂等。是人们常见蜂类中体形最大、力量最强的一种,在树洞和地底建巢。毒性巨大,被蜇后十分危险。

胡蜂科

黑尾胡蜂

✎ 26mm左右。⏱ 4~9月(夏季)。🍴 昆虫。身体呈黑色,具有较多黄褐色绒毛,腹部黄色面积较大。吸食树木上滴落的树脂。

成虫   巢

小黄胡蜂 胡蜂科

🐝 23~29㎜。⏱ 5~8月(夏季)。🐛 昆虫。身体呈黑褐色，腹部有较多黄色条纹，腹部上端有赤褐色点状花纹。建造圆形或葫芦瓶形的巢。

胡蜂科

马蜂科

黄边胡蜂 🐝 21~29㎜。⏱ 6~8月(夏季)。🐝 蜜蜂等。身体呈黑褐色，聚集在养蜂场周边捕食蜜蜂，在地底或树洞中建巢。

约马蜂 🐝 19~26㎜。⏱ 4~10月(夏季)。🐛 蝴蝶类幼虫(幼虫)。为寻找食物而不断飞行，常停息在树表。

379

蚁科

蚁科

叶形多刺蚁　🔹6~10mm。🕐4~10月(夏季)。🐛蚜虫类等(成虫)。在树林的树木根部建巢并聚集，蚁酸气味浓烈。

黑毛蚁　🔹3~10mm。🕐5~10月(夏季)。🐛蚜虫类的排泄物(成虫)。常见其不停息地往来于树干上下。

等翅目 > 白蚁科

工蚁

兵蚁

黄胸散白蚁

🔹4~7mm。🕐全年(春季)。🐛腐木。身体呈白色，形似蚂蚁，啃噬湿气较重的树木。兵蚁具有圆筒形的黄褐色头部和发达的上颚。

成虫(绿色型)

成虫(褐色型)   若虫

异齿短角棒螳

🗡70~100mm。 ☉5~10月(夏季)。 🌿麻栎类、樱花树等。身体呈绿色或褐色，身体和腿部形似竹节，十分细长。栖息在阔叶树上，善于伪装成树枝。

东方蜉蝣

水中遇见的昆虫

昆虫

鞘翅目> 龙虱科

龙虱科

黄边大龙虱 🖊 34~42㎜。⏱ 4~10月(夏季)。🦐 水栖昆虫、小鱼。**身体呈绿黑色，椭圆形，鞘翅边缘有黄色带状花纹。**

短真龙虱 🖊 20~25㎜。⏱ 3~11月(夏季)。🦐 水栖昆虫、小鱼等。**身体呈椭圆形，黑色，后腿同时伸展游动。**

龙虱科

成虫

幼虫

泥龙虱

🖊 11~13㎜。⏱ 3~11月(夏季)。🦐 水栖昆虫等。**身体呈黄褐色，栖息于水坑和池塘等积水中，喜好向光飞行。幼虫呈褐色，捕食水中的水栖昆虫。**

龙虱科

条纹龙虱 ✐9~11mm。 ⏱3~11月(夏季)。
🍴水栖昆虫、小鱼等。 身体呈椭圆形,鞘翅上有黑色条纹。

龙虱科

瘤河龙虱 ✐4.8~5.3mm。 ⏱4~10月(夏季)。 🍴水栖昆虫等。 身体呈黄褐色,鞘翅上有6~7条纵向条纹。

龙虱科

圆眼粒龙虱 ✐4~4.9mm。 ⏱3~10月(夏季)。 🍴水栖昆虫等。 身体呈浅褐色,椭圆形,体格极小,如同芝麻粒。

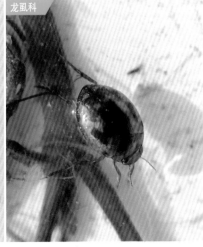

龙虱科

日本沼龙虱 ✐3.8~5mm。 ⏱5~10月(夏季)。 🍴水栖昆虫等。 身体呈黄褐色,鞘翅上有斑斑点点的花纹,形似斑驳的卵。

豉甲科

沼梭甲科

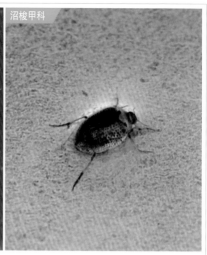

日本豉甲 📏6~8mm。🕐3~10月(春季)。🍴浮游物质。身体呈椭圆形，黑色，常在静止的水面旋转游泳。

盾沼梭甲 📏3.5~3.9mm。🕐4~10月(春季)。🍴水丝蚓、小型甲壳纲等。身体呈褐色，有较多黑色点状花纹，体形极小，类似尘螨。

牙甲科

牙甲科

红脊胸牙甲 📏9~11mm。🕐4~10月(夏季)。🍴水栖植物等。身体呈黑色，椭圆形，栖息在蓄水池等处，夜间喜好向光飞行。

颤长节牙甲 📏2.3~3mm。🕐4~10月(夏季)。🍴水栖植物等。身体呈暗褐色，椭圆形，夜间向光飞行。

半翅目>负蝽科

大田鳖

✏ 48~65mm。⏱ 5~9月(夏季)。🍴鱼、青蛙等。用粗壮的前腿捕获泥鳅或青蛙，吸食其体液。在人们常见的蝽类中体形最大，属二级濒危昆虫。

负蝽科

成虫　　　　　　　　　　　　　　　　若虫

日本拟负蝽

✏ 17~20mm。⏱ 4~10月(夏季)。🍴水栖昆虫等。身体呈黄褐色，椭圆形，形似甲鱼。雄性在背部负卵爬行。

负蝽科

蝎蝽科

巨拟负蝽 🖊25mm左右。🕐4~10月(夏季)。
🍴水栖昆虫等。身体呈黑褐色，前胸背板
中央有深陷。

霍氏蝎蝽 🖊18~21mm。🕐3~11月(夏季)。
🍴水栖昆虫、鱼等。用粗壮的前腿捕食，
尾部的气管很短。

蝎蝽科

日本长蝎蝽
🖊30~38mm。🕐3~11月(夏季)。🍴水栖昆虫、甲壳纲、鱼等。身体呈黑褐色，用粗壮的前
腿捕食。腹部末端的气管极长，与身体长度相当。

蝎蝽科

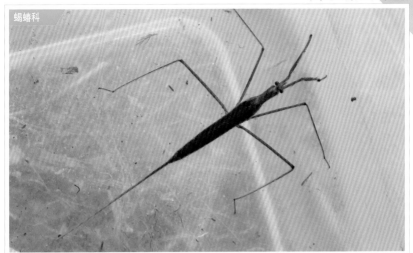

中华螳蝎蝽

🖉 40~45mm。⏱ 4~10月(夏季)。🍴水栖昆虫、鱼、青蛙等。身体呈黄褐色，细长，用镊子状前腿捕食，用腹部末端极长的气管呼吸。

仰蝽科

身体背部　　　　　　　　　　身体腹部

三点仰蝽

🖉 11~14mm。⏱ 4~10月(夏季)。🍴掉落在水中的昆虫尸体等。吞噬昆虫尸体后翻转身体游泳，在水面外爬行时背部朝上。

黾蝽科

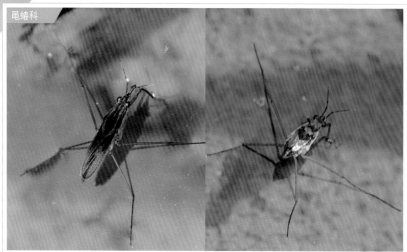

成虫 若虫

宽腹黾蝽

✐ 8.5~11mm。⏱ 3~10月(夏季)。🍴掉落在水中的尸体等。身体呈暗褐色,聚集在蓄水池等处的死鱼或其他生物尸体上吸食体液。若虫的身体和腿部极短。

黾蝽科

细角黾蝽

✐ 10~15mm。⏱ 3~11月(春季)。🍴掉落在水中的尸体等。身体呈红色,聚集在蓄水池、河川、溪边等处的生物尸体上吸食体液。常见其交配的形态。

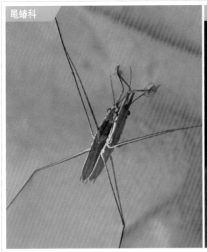

黾蝽科

湿地黾蝽 🖊 11~16mm。⏱ 4~10月(夏季)。🍴 掉落在水中的尸体等。身体呈暗褐色，栖息在河川、蓄水池等平静的水中。

黾蝽科

伊斯黾蝽 🖊 5~6mm。⏱ 4~10月(夏季)。🍴 掉落在水中的尸体等。身体呈黄色，黑色的条状花纹形成复杂的图形。

划蝽科

横纹划蝽 🖊 5~7mm。⏱ 3~10月(春季)。🍴 水栖植物。身体呈黄褐色，前胸背板有8~9条黑色条纹，吸食水草的汁液。

划蝽科

钟丽烁划蝽 🖊 5.9mm左右。⏱ 3~10月(春季)。🍴 水栖植物。头部前端有凸起，栖息在池塘、水坑、水田等处以水草为食。

391

蜻蜓目> 细蟌科

细蟌科

纤腹蟌 🖊30~34mm。⏰5~9月(夏季)。🌿
小型昆虫。身体呈青色，腹节有黑色带状
花纹，栖息于湿地或休耕水田中。

短尾黄蟌 🖊38~42mm。⏰6~9月(夏季)。
🌿小型昆虫。身体呈黄色，栖息于水栖植
物丰富的池塘或湿地。

细蟌科

雄性   雌性(未成熟)

亚洲瘦蟌
🖊24~30mm。⏰4~10月(春季)。🌿小型昆虫。身体呈浅绿色，常见于池塘、湿地、河川等
处。未成熟的雌性呈红色，成熟后则变为绿色。

蟌科

黑脊尾蟌 🖊28~32mm。🕐4~9月(春季)。🐛小型昆虫。身体呈黑色，成熟后被灰色粉末覆盖，栖息于湿地及河川。

扇蟌科

粉扇蟌 🖊34~38mm。🕐5~10月(夏季)。🐛小型昆虫。雄性的腿部如同悬坠着铃铛一般圆滑，雌性则没有铃铛形凸起。

丝蟌科

奇异赭丝蟌 🖊34~38mm。🕐全年(秋季)。🐛小型昆虫。身体呈褐色，成虫越冬，因此11月也能够见到其飞行。

丝蟌科

钩纹色丝蟌 🖊34~38mm。🕐全年(秋季)。🐛小型昆虫。身体呈褐色，在植物的茎干上产卵，成虫在向阳的草丛中越冬。

色蟌科

黑色蟌

✏ 60~62mm。⏱ 5~9月(夏季)。🦋 小型昆虫。身体呈青铜色，翅膀呈黑色，常见于河川周边。傍晚落日时分飞行的样子如鬼神一般，又名"鬼神色蟌"。

色蟌科

日本色蟌

✏ 55~57mm。⏱ 5~9月(夏季)。🦋 小型昆虫。身体呈青铜色，翅膀呈黑色，末端有白色点状花纹。栖息于水栖植物丰富的洁净溪边，幼虫越冬。

蜻科

雄性

雌性

秋赤蜻

🖊 35~40mm。 🕐 6~11月(秋季)。 🐾 小型昆虫。 身体呈黄色，但雄性成熟后身体全部变为红色，又被称为"辣椒蜻"。在山地和原野间存活至晚秋，是最为常见的蜻蜓。

蜻科

雄性

雌性

褐带赤蜻

🖊 32~36㎜。⏱ 7~11月(秋季)。🐾 小型昆虫。身体呈浅褐色，翅膀中央有褐色带状花纹。
成熟的雄性身体均呈红色，常停落在树枝上。

蜻科

雄性(成熟)

雄性(未成熟)

红蜻

🖋 44~48mm。🕐 5~9月(夏季)。🦟 小型昆虫。身体呈深黄色,成熟的雄性身体呈红色。翅膀起始端有较宽的黄色花纹。

蜻科

蜻科

眉斑赤蜻 🗡30~38㎜。⏱6~11月(秋季)。🦗小型昆虫。身体呈黄色,脸部额头处有2个清晰的黑色点状花纹。

夏赤蜻 🗡38~41㎜。⏱7~10月(夏季)。🦗小型昆虫。雄性成熟后呈红色,夏季常见于水边。

蜻科

雄性

雌性

小赤蜻 🗡30~34㎜。⏱7~11月(秋季)。🦗小型昆虫。身体呈黄色,雄性成熟后呈红色。在赤蜻中体格极小,飞行过程中时而贴近水面和土面产卵。

蜻科

雄性(成熟)

雄性(未成熟)

褐顶赤蜻

🖊44~48mm。⏱6~10月(夏季)。🐛小型昆虫。身体呈黄色,翅膀末端有黑色花纹。栖息在湿地和池塘等处,雄性成熟后变成黑红色。

蜻科

黄蜻

📏 37~42㎜。🕐 4~10月(秋季)。🍴 小型昆虫。身体颜色近似大酱。从赤道和热带地区飞越太平洋而至，属迁飞性蜻蜓，一年繁殖3~4次。

蜻科

玉带蜻

📏 36~42㎜。🕐 5~9月(夏季)。🍴 小型昆虫。身体呈黑色，腹部3~4节有较粗的黄色带状花纹，成熟后变为白色。栖息在池塘和河川，幼虫越冬。

蜻科

雄性(成熟)

雄性(未成熟)

白尾灰蜻

〃48~54mm。☺4~10月(夏季)。🐛小型昆虫。身体呈黄褐色，成熟的雄性变为灰青色。主要栖息在河川、池塘、田埂，即使在味道浓重的水坑中也能够很好地适应。

蜻科

巨白尾灰蜻

🗡51~53㎜。⏱5~9月(夏季)。🍴小型昆虫等。雌性、雄性均呈黄褐色,雄性成熟后变为灰青色。在河川、池塘飞行时尾部紧贴水面产卵。

蜻科

低斑蜻

🗡38~43㎜。⏱4~6月(春季)。🍴小型昆虫。身体呈黑青色,翅膀上有3个黑褐色点状花纹。栖息在沉积物较多的池塘和湿地。

蜻科

雄性

雌性

闪绿宽腹蜻

🗡 34~38mm。 ⊙ 4~9月(春季)。 🐛 小型昆虫。 身体呈黄色，雄性成熟后变为青色，雌性不变色。栖息在池塘和湿地，在白尾灰蜻中属于体格较小的种类。

春蜓科

雌性

雄性　　　　　　　　　　　幼虫

新月戴春蜓

🖊40~44mm。⏱4~6月(春季)。🍴小型昆虫。腹部有倾斜的黄色条纹，又名"侧春蜓"。扁平状的幼虫只能存活在水质为1级的清水中。

春蜓科

蜓科

黄脊缅春蜓 48~52mm。 5~9月(夏季)。 小型昆虫。腹节处有黄色条状花纹，第7~9节较粗，形似布袋。

碧伟蜓 70~75mm。 6~9月(夏季)。 小型昆虫。复眼与胸部呈绿色，在池塘和河川的上空疾速飞行。

大蜓科

巨圆臀大蜓 90~105mm。 6~9月(夏季)。 小型昆虫。栖息于向阳的小溪或树林的溪流边，在人们常见的蜻蜓中体形最大。幼虫在水中生活3年，这期间捕食蝌蚪等。

405

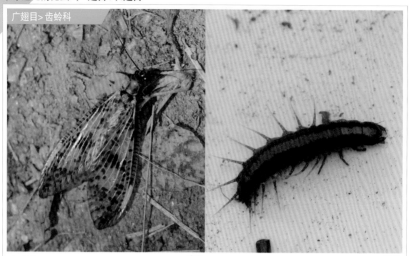

广翅目>齿蛉科

成虫　　幼虫

大陆鱼蛉 🖊50㎜左右。⏱5~9月(夏季)。🍴水栖昆虫等(幼虫)。斑斑点点的翅膀形似蜕掉的蛇皮。幼虫捕食水栖昆虫，需要2~3年成长为成虫。

泥蛉科

古北泥蛉 🖊33㎜左右。⏱4~5月(春季)。🍴水栖昆虫等(幼虫)。身体呈黑色，幼虫捕食水中的小动物。

长翅目>蝎蛉科

角蝎蛉 🖊12~14㎜。⏱5~6月(春季)。🍴蝴蝶类幼虫等(成虫)。身体呈浅褐色，雄性为了与雌性交配，常给雌性送食物作为礼物。

406

蝎蛉科

朝鲜蝎蛉 ✎ 15mm左右。 ⏱ 5~8月(春季)。
🍴 小型昆虫等(成虫)。身体呈黑色，腹部末端上翘，故名"蝎蛉"。

毛翅目> 石蛾科

烟囱石蛾 ✎ 20~25mm。 ⏱ 6~8月(夏季)。
翅膀上有较多黑色点状花纹，飞行的动作十分迟钝，在石蛾类中体格最大。

沼石蛾科

韩国巨沼石蛾 ✎ 15~20mm。 ⏱ 5~8月(夏季)。身体呈红色或褐色，翅膀如瓦片一般折叠，无毛。

纹石蛾科

巨纹石蛾 ✎ 8~14mm。 ⏱ 5~9月(春季)。身体呈黑褐色，前翅有鲜明的栗色条纹，常见于中上游的河川附近。

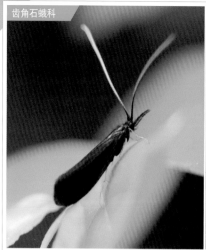

齿角石蛾科

蜉蝣目> 河花蜉科

木曾裸齿角石蛾 ∥7~11mm。⏱5~8月(春季)。飞行于溪谷周边，停落在叶片上时形似飞蛾，容易混淆。

金河花蜉 ∥19mm左右。⏱6~10月(夏季)。身体呈黄色，翅膀边缘有清晰的赤褐色花纹，是韩国特有品种。

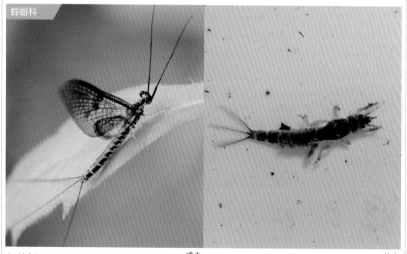

蜉蝣科

成虫　　　　　　　　　　　　　幼虫

细纹蜉

∥15~20mm。⏱5~6月(春季)。🍂腐烂的物质(幼虫)。三角形翅膀中央有横向带状花纹。栖息于上游清澈的溪水中，幼虫以沙子堆积处的腐殖质为食。

蜉蝣科

成虫　　　　　　　　　　　　　幼虫

花纹蜉蝣

🗡15~20mm。⏱5~6月(春季)。🍂腐烂的物质(幼虫)。腹部两侧边缘有纵向条状花纹，有3条长尾巴。幼虫栖息在河川中上游水流舒缓、清洁处。

蜉蝣科

东方蜉蝣

🗡13~17mm。⏱4~9月(春季)。前翅有纵向条状花纹，尾部是身体长度的2倍。落日时分成群飞行并交配。

扁蜉科

尤扁蚴蜉　　　　　　　　　　成虫　　　　　　　　幼虫

🖊10mm左右。⏱3~5月(春季)。身体呈深褐色，栖息于清澈的山谷溪水边。幼虫身体扁平，呈褐色，有较多黑色点状花纹，栖息于清澈、冰凉的水中。

扁蜉科

阳光扁蚴蜉　　　　　　　　　成虫　　　　　　　　幼虫

🖊7~8mm。⏱4~5月(春季)。身体呈浅褐色，眼睛呈黑色，腹节有三角形花纹。曾用名"太阳蜉蝣"，现已更名。幼虫栖息在清澈、冰凉的水中。

扁蜉科

大叶微动蜉 🗡10~15㎜。🕐4~5月(春季)。🍽硅藻类等(幼虫)。尾部长度是身体的3倍，早春时节便出现。

襀翅目>绿襀科

日光长绿襀 🗡10~13㎜。🕐6~7月(夏季)。🍽苔藓、落叶等(成虫)。身体呈黄色，眼睛呈黑色，栖息在清澈的溪谷边。

叉襀科

朝鲜倍叉襀 🗡8~10㎜。🕐5~9月(春季)。🍽落叶、苔藓等(成虫)。身体呈暗褐色，出现在山间溪谷清澈的水边。

卷襀科

玛氏诺襀 🗡6~8㎜。🕐4~6月(春季)。身体呈细棒状，栖息于森林的溪谷边。

襀科

	成虫
	若虫

黑大山襀

✎ 25~30mm。⏰ 4~8月(春季)。🍴 水栖昆虫等(若虫)。身体呈黄褐色、扁平，栖息在溪谷附近的溪水边。若虫颜色似石头，2~3年后成长为成虫。

襀科

成虫　　　　　　　若虫

黄色纯襀

✎ 20~23mm。⏰ 4~8月(春季)。🍴 水栖昆虫等(若虫)。身体呈黑褐色、扁平，栖息于清澈的溪谷边。若虫捕食蜉蝣和钩虾等，栖息于氧气丰富的水中。

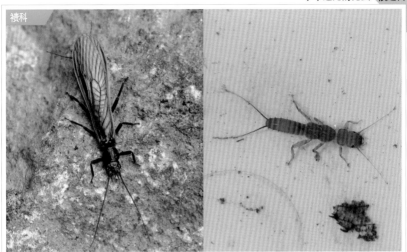

襀科

成虫　　　　　　　　　若虫

花纹扣襀

✎20mm左右。☽4~8月(春季)。✿水栖生物(若虫)。身体呈黑色，翅膀边缘有黄色边线。若虫以水栖生物为食，头部大于胸部。

大襀科

若虫

韩国大襀

✎50mm左右。☽7~10月(夏季)。✿落叶等。若虫呈深褐色，前胸背板两侧有凸起。在冰凉的水中需要2~3年成长为成虫。

柿子树卷蛾

夜晚遇见的昆虫

鞘翅目> 锹甲科

贺氏扁锹甲 🖊 27~53mm。⏱ 7~8月(夏季)。🍯 树脂(成虫)。虽然夜间向光飞行,但鞘翅沉重,飞行不是十分灵活。

锹甲科

栗色巨锯锹甲 🖊 20~53mm。⏱ 6~9月(夏季)。🍯 树脂(成虫)。在麻栎树丛中最为常见,喜好向光飞行。

锹甲科

斜洒前锹甲 🖊 23~40mm。⏱ 6~9月(夏季)。🍯 树脂(成虫)。上颚有较多锯齿状的凸起,容易被外界惊动而发起反击。

锹甲科

细齿扁锹甲 🖊 20~40mm。⏱ 6~9月(夏季)。🍯 树脂(成虫)。外形类似扁锹形虫,但上颚呈圆形弯曲。

锹甲科

鳃金龟科

直牙大锹甲 🗡20~53mm。🕐6~9月(夏季)。🌿树脂(成虫)。锹形虫中体格较小,在树木中运动。

朝鲜鳃金龟 🗡30~40mm。🕐7~9月(夏季)。🌿植物根部(幼虫)。赤褐色的身体上有较多粉末,又名"粉末金龟",常聚集在光亮处。

鳃金龟科

鳃金龟科

凹额黄鳃金龟 🗡10~15mm。🕐4~10月(夏季)。🌿植物根部(幼虫)。身体呈浅褐色,头部呈黑色,在地表缓慢爬行。

黄褐小七鳃金龟 🗡12~15mm。🕐5~8月(夏季)。🌿植物根部(幼虫)。身体呈褐色,圆筒形,夜间向光飞行。

鳃金龟科

基本形　　　　　　　　　　　　　　变异形(褐色)

暗黑鳃金龟

✏️ 17~22mm。🕐 4~9月(夏季)。🍂 植物根部(幼虫)。身体呈黑色，鞘翅无光泽，与东北大黑鳃金龟不同。变异形虽然外表相似但鞘翅呈褐色。

丽金龟科

斑喙丽金龟

✏️ 9~14mm。🕐 5~9月(夏季)。🍂 植物根部(幼虫)。身体呈赤褐色，被黄白色绒毛覆盖，喜好向光聚集。成虫啃噬叶片时，仅剩余叶脉部位。

丽金龟科　　　　　　　　　　　　丽金龟科

东方丽金龟 ✏️ 8~13mm。🕐 3~11月(夏季)。🍂 草坪、农作物根部(幼虫)。身体上有斑斑点点的点状花纹，喜好向光飞行。

柳杉彩丽金龟 ✏️ 14~20mm。🕐 5~11月(夏季)。🍂 植物根部(幼虫)。擅于飞行，当灯光点亮时，能够快速聚拢。

犀金龟科

双叉犀金龟

🖊 30~55mm。 🕐 7~9月(夏季)。 🍃 树脂(成虫)。 身体大而胖、较沉重，向光飞行速度很慢。一边盘旋打转，一边向光飞行。

天牛科

中华薄翅天牛 🖊 30~55mm。 🕐 5~9月(夏季)。 🍃 赤杨、辽杨等(幼虫)。 身体呈暗褐色，夜间不易被发现。

天牛科

短角椎天牛 🖊 12~25mm。 🕐 7~8月(夏季)。 🍃 松树、杉树等(幼虫)。 身体呈黑色，圆筒形，主要在松树上产卵。

天牛科

天牛科

栗山天牛　∥34~57mm。☺6~8月(夏季)。
各种阔叶树(幼虫)。属于身体庞大的大型
天牛，属夜行性昆虫，喜好向光聚集。

锯天牛　∥23~48mm。☺5~9月(夏季)。
针叶树、栗子树等(幼虫)。身体呈黑色，触
角呈锯齿状，喜好向光飞行。

天牛科

二色长绿天牛
∥15~30mm。☺7~9月(夏季)。麻栎类等(幼虫)。属于夜间活动的夜行性昆虫，雄性的触
角是身体的2倍。栖息于麻栎树林中，身体呈绿色。

步甲科

大星步甲 🖋 24~30㎜。🕐 4~7月(春季)。
🍴 昆虫。为捕食聚集在灯光周围的昆虫，聚拢在灯光旁疾速移动。

步甲科

耶屁步甲 🖋 11~18㎜。🕐 6~7月(夏季)。
🍴 小型昆虫、尸体。寻找腐烂的肉、尸体、其他腐败食物的夜行性昆虫。

步甲科

淡青步甲 🖋 14㎜左右。🕐 5~10月(夏季)。
🍴 小型昆虫(成虫)。为捕食小型昆虫，而聚集在明亮的灯光附近疾速移动。

步甲科

多毛婪步甲 🖋 20㎜左右。🕐 5~10月(夏季)。🍴 小型昆虫。身体呈黑色，聚集在灯光附近疾速移动捕食。

虎甲科

葬甲科

云纹虎甲 ✎ 9~11mm。🕐 6~9月(夏季)。🍴
小型昆虫。夜晚常聚集在光亮处，在虎甲
类中体格较小。

尸葬甲 ✎ 15~28mm。🕐 6~8月(夏季)。🍴
蛆虫等。夜晚捕食动物尸体或聚集在光亮
处的幼虫。

葬甲科

葬甲科

黑角葬甲 ✎ 15~20mm。🕐 6~8月(夏季)。
🍴蛆虫等。捕食聚集在尸体上的蛆虫和聚
集在光亮处的昆虫。

贾氏真葬甲 ✎ 17~23mm。🕐 5~8月(夏
季)。🍴动物尸体、排泄物。为找寻动物的
尸体和排泄物，不停地爬行移动。

422

叩甲科

叩甲科

泥红槽缝叩甲 ✎ 9~12㎜。⏲ 4~6月(春季)。🍴昆虫等(幼虫)。身体被橘黄色绒毛覆盖，向光亮处飞行，易被发现。

叩甲科

二瘤槽缝叩甲 ✎ 12~16㎜。⏲ 5~10月(夏季)。🍴小型昆虫(幼虫)。即使聚集在光亮处，由于身体颜色较暗也不易被发现。

木棉梳角叩甲 ✎ 22~27㎜。⏲ 4~6月(夏季)。🍴昆虫等(幼虫)。属于体格较大的叩甲，极易聚集在点亮的灯光处。

卷象科

拟天牛科

栎剪枝象 ✎ 7~10.5㎜。⏲ 6~9月(夏季)。🍴橡子(幼虫)。栖息于麻栎树林中，极易聚集在点亮的灯光处。

沃氏黄拟天牛 ✎ 11~15㎜。⏲ 6~8月(夏季)。🍴腐木(幼虫)。头部呈橘黄色，鞘翅呈青绿色，触角长似高山天牛。

龙虱科

条纹龙虱 📏9~11㎜。⏰3~11月(夏季)。🍴水栖昆虫、小鱼等。喜好朝向明亮的灯光处飞行，飞行能力极强。

龙虱科

泥龙虱 📏11~13㎜。⏰3~11月(夏季)。🍴水栖昆虫等。喜好朝向池塘或水坑等水边明亮的灯光处飞行。

牙甲科

红脊胸牙甲 📏9~11㎜。⏰4~10月(夏季)。🍴水栖植物等。朝向水田及河川周边明亮的灯光处飞行，擅长在地表爬行。

牙甲科

颤长节牙甲 📏2.3~3㎜。⏰4~10月(夏季)。🍴水栖植物等。喜好向光飞行，但由于体格较小，不易被发现。

隐翅虫科

纽菲隐翅甲 📏5~5.5mm。⏱5~8月(夏季)。🍴动物尸体、排泄物(成虫)。身体呈黑色，腿部呈赤褐色，栖息在落叶堆积处。

隐翅虫科

戊苏菲隐翅虫 📏6.2mm左右。⏱5~8月(夏季)。🍴动物尸体、排泄物(成虫)。鞘翅内折叠着的后翅在飞行时展开。

大蕈甲科

福周艾蕈甲 📏9~13mm。⏱6月~翌年3月(夏季)。🍴蘑菇类。聚集在灯光处，鞘翅上橘黄色的花纹引人注意。

瓢虫科

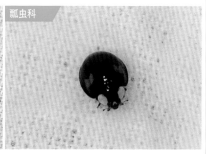

异色瓢虫 📏5~8mm。⏱3~11月(春季)。🍴蚜虫等。栖息在树林中，当灯光明亮时，向光飞行。

伪瓢虫科

彩弯伪瓢虫亚洲亚种 📏4.7~5mm。⏱3~10月(春季)。🍴蘑菇、腐木(成虫)。聚集在明亮的灯光处，疾速爬行。

露尾甲科

花斑露尾甲 📏5mm左右。⏱7~10月(夏季)。身体呈红色，飞向明亮的灯光处后缓慢移动。

芫菁科

萤科

日本芫菁 ✐9~22㎜。☽6~8月(夏季)。🐝
寄生切叶蜂(幼虫)。身体呈浅黄色，是芫菁
类昆虫中最擅长向光飞行的。

黄萤 ✐7~10㎜。☽6~8月(夏季)。🐝椎实
螺等(幼虫)。橘黄色前胸背板上有黑色纵向
条纹，栖息在水田中。

萤科

萤科

帕帕梨萤 ✐7~10㎜。☽5~7月(夏季)。🐝
蜗牛类等(幼虫)。橘黄色前胸背板无纵向条
纹，幼虫捕食蜗牛。

赤铜萤 ✐15~18㎜。☽7~9月(夏季)。🐝
蜗牛类等(幼虫)。在韩国的萤火虫中体格最
大、出现最晚。

鳞翅目 > 夜蛾科

绕环夜蛾

✏️ 54~61mm。 ⏱️ 5~8月(夏季)。 🍃 桃子、葡萄、苹果(成虫)。 前翅呈赤褐色，有旋涡状太极图案。后翅边缘处呈锯齿状。

夜蛾科

蚪目夜蛾

✏️ 55~63mm。 ⏱️ 6~8月(夏季)。 🍃 合欢、菝葜等(幼虫)。 前翅呈褐色，有太极图案。翅膀中央有白色横向条纹，触角呈羊齿梳状。

夜蛾科

成虫　　　　　　　　　　　　　　　　　　　幼虫

栎刺裳夜蛾

✎65mm左右。🕐7~9月(夏季)。🍃多脉山毛榉、麻栎类等(幼虫)。前翅呈深褐色，后翅呈红色。幼虫头部呈赤褐色，身体呈褐色，绒毛团凹凸鼓出。

夜蛾科

夜蛾科

裳夜蛾 ✎75mm左右。🕐6~8月(夏季)。🍃辽杨、柳树(幼虫)。前翅与树木颜色相近，后翅呈橘红色。

变色夜蛾 ✎64~78mm。🕐6~8月(夏季)。🍃合欢等(幼虫)。前翅末端到后翅有深色横向条纹。

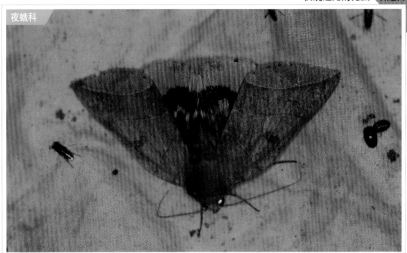

夜蛾科

庸肖毛翅夜蛾

🪱 82~95mm。 ⏱ 5~8月(夏季)。 🍃 木槿花、栗子树、桲栎等(幼虫)。前翅呈灰褐色和黄褐色的混合色，有暗褐色条纹。后翅边缘呈红色。

夜蛾科

成虫   幼虫

大红裙杂夜蛾

🪱 51~62mm。 ⏱ 7~10月(夏季)。 🍃 麻栎、朴树等(幼虫)。翅膀呈黑色，有白色点状花纹。幼虫身体呈绿色，侧边有黄色条纹，腹部后端翘起。

夜蛾科

夜蛾科

日月明夜蛾 🖊29mm左右。⏰7~8月(夏季)。前翅呈白色，中央有弯曲的条状花纹，末端有圆形赤褐色花纹。

红晕散纹夜蛾 🖊25~32mm。⏰7~9月(夏季)。🍃蕨菜等(幼虫)。翅膀呈暗褐色，条纹较多，外形显得十分斑驳。

夜蛾科

夜蛾科

玛瑙兜夜蛾 🖊30mm左右。⏰6~7月(夏季)。🍃朴树等(幼虫)。翅膀呈褐色，绒毛较多，有白色点状花纹和条纹。

曲缘皮夜蛾 🖊23mm左右。⏰6~8月(夏季)。🍃麻栎类(幼虫)。身体呈浅粉色，有白色旋涡状花纹。

夜蛾科

金斑夜蛾 🖊33mm左右。⏱5~8月(夏季)。🌾稻子等(幼虫)。翅膀呈浅褐色，前翅中央有银白色点状花纹。

夜蛾科

南方稞纹夜蛾 🖊34mm左右。⏱6~10月(夏季)。🌾洋葱、芸豆等(幼虫)。翅膀呈深褐色，中央有银白色点状花纹。

夜蛾科

普饰夜蛾 🖊32~41mm。⏱5~9月(夏季)。🌾白桦等(幼虫)。前翅呈浅绿色，有2条白色条纹。

夜蛾科

希饰夜蛾 🖊38~40mm。⏱3~8月(夏季)。🌾麻栎等(幼虫)。前翅呈浅绿色，具有较多灰白色条纹。

431

夜蛾科

夜蛾科

内黄血斑夜蛾 🖊21mm左右。⏱5~8月(夏季)。前翅上端呈黄色，下端呈赤褐色，色彩非常艳丽。

考氏缤夜蛾 🖊39mm左右。⏱6~9月(夏季)。翅膀呈灰褐色，草绿色、灰色、黑色的花纹较多，并且杂乱无章。

夜蛾科

夜蛾科

斜线髯须夜蛾 🖊30~32mm。⏱5~9月(夏季)。前翅呈黑色，后翅呈黄色，头部呈尖角状凸出。

晚亥夜蛾 🖊26mm左右。⏱5~8月(夏季)。前翅上端呈褐色，下端呈深褐色，有波纹状花纹。

夜蛾科

夜蛾科

钩白肾夜蛾 📏46~56mm。⏱6~8月(夏季)。🌿麻栎等(幼虫)。翅膀呈暗灰褐色,有V字形白色花纹。

白点厚角夜蛾 📏26~34mm。⏱6~8月(夏季)。前翅呈紫褐色,中央有深褐色带状花纹,还有较小的白色点状花纹。

夜蛾科

夜蛾科

胸须夜蛾 📏29mm左右。⏱6~7月(夏季)。前翅呈褐色,有2个白色点状花纹,中央部位有白色条状花纹。

邻奴夜蛾 📏23mm左右。⏱7~8月(夏季)。翅膀呈浅褐色,有2个半圆形黄色点状花纹。

夜蛾科

折纹殿尾夜蛾

📏 42~45㎜。🕐 6~8月(夏季)。翅膀呈暗褐色，触角几乎与前翅长度相同。幅度较窄的翅膀向侧边展开飞行时的模样与飞机极为相似。

夜蛾科

灯蛾科

褐灰角衣夜蛾 📏 21~25㎜。🕐 6~7月(夏季)。🐛 麻栎等(幼虫)。前翅呈暗灰色，有2条红色横向条纹。

乌闪网苔蛾 📏 39~48㎜。🕐 6~8月(夏季)。翅膀呈黑褐色，散发青蓝色光泽，橘黄色的胸部仿佛围着围巾一般。

灯蛾科

灯蛾科

叉纹美苔蛾 🦋24mm左右。⏱5~8月(夏季)。🌿地衣类等(幼虫)。**翅膀呈橘黄色，黑色条纹相互交织。**

优美苔蛾 🦋33~40mm。⏱5~8月(夏季)。🌿地衣类等(幼虫)。**翅膀呈黄色，有红色条纹，喜好向光飞行。**

灯蛾科

大丽灯蛾
🦋75~85mm。⏱5~8月(夏季)。前翅呈黑色，白色点状花纹较多，后翅呈橘黄色，有黑色点状花纹。白天聚集在花朵上，夜间聚集在灯光处。

灯蛾科

成虫　　　　　　　　　　　　　　　　　　　　　　　　　　　　幼虫

煤色滴苔蛾

🗡42~47mm。⏱6~8月(夏季)。🍃甜菜、白车轴草等(幼虫)。翅膀呈灰白色，有较多黑色点状花纹。幼虫身体呈黄色，头部与腹部末端呈橘黄色，有较多长毛。

灯蛾科

成虫　　　　　　　　　　　　　　　　　　　　　　　　　　　　幼虫

连星污灯蛾

🗡38~44mm。⏱5~8月(夏季)。🍃扁柏、樱花树等(幼虫)。翅膀呈灰白色，腹部呈赤色，触角细如线。幼虫全身长满又长又硬的绒毛。

灯蛾科

人纹污灯蛾

🗡 40mm左右。 ⏲ 5~8月(夏季)。 🌿 豆子、山杨、玫瑰等(幼虫)。翅膀呈白色，腹部呈红色。翅膀后端有1~2个点状花纹。

灯蛾科

红星雪灯蛾 🗡 28~40mm。 ⏲ 5~9月(夏季)。 🌿 柿子树、桑树等(幼虫)。翅膀呈浅牛奶色，有较多黑色点状花纹。

灯蛾科

白雪灯蛾 🗡 56~76mm。 ⏲ 7~9月(夏季)。 🌿 桑树等(幼虫)。翅膀呈白色，无花纹，背部有黑色点状花纹。

灯蛾科

灯蛾科

日土苔蛾 🗡20~24mm。⏱6~8月(夏季)。
🐛地衣类等(幼虫)。前翅呈灰色，翅膀边缘
有黄色边线。

平土苔蛾 🗡27~35mm。⏱7~9月(夏季)。
🐛地衣类等(幼虫)。翅膀呈灰色，头部与前
胸背板呈黄色。

灯蛾科

毒蛾科

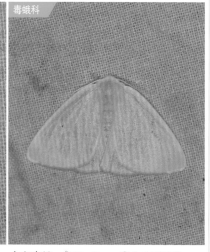

之美苔蛾 🗡16mm左右。⏱6~9月(夏季)。
翅膀呈灰色，有红色边缘，内侧有锯齿状
条纹。

点白毒蛾 🗡39~43mm。⏱6~9月(夏季)。
🐛茶树等(幼虫)。翅膀呈白色，翅膀两侧有
较小的点状花纹。

毒蛾科

成虫　　　　　　　　　　　　　幼虫

肾毒蛾
🗡34~53㎜。⏱6~8月(夏季)。🍃榉树、多花紫藤树等(幼虫)。翅膀呈黄褐色，触角呈梳齿状。幼虫多毛，腹节上端有褐色的毛团。

毒蛾科

毒蛾科

盗毒蛾　🗡25~42㎜。⏱5~8月(夏季)。🍃柳树、麻栎等(幼虫)。翅膀呈白色，有黑褐色花纹，腹部呈橘黄色。

L纹白毒蛾　🗡46~56㎜。⏱6~9月(夏季)。🍃榆树、山杨等(幼虫)。翅膀呈白色，有L形花纹。

毒蛾科

舞毒蛾　　　　　　　　成虫　　　　　　　　　幼虫

〰42~70mm。⏰7~8月(夏季)。🍃麻栎类、松树类等(幼虫)。雄性翅膀呈黑褐色，雌性翅膀呈牛奶色。幼虫具有较多长毛，青色和红色斑驳相间。

毒蛾科　　　　　　　　　　毒蛾科

栎毒蛾　〰45~82mm。⏰7~9月(夏季)。🍃麻栎、栗子树等(幼虫)。翅膀呈粉红色，触角形似梳齿。

波纹毒蛾　〰50~73mm。⏰7~8月(夏季)。🍃蒙古栎等(幼虫)。翅膀呈灰色，有较多波纹状黑色条纹。

尺蛾科

曲白带青尺蛾 ✏️ 45mm左右。🕐 6~8月(夏季)。翅膀呈绿色，有2条清晰的白色条纹，喜好向光聚集。

尺蛾科

平纹绿尺蛾 ✏️ 26~29mm。🕐 6~7月(夏季)。🍃千金榆等(幼虫)。翅膀呈淡绿色，有4个清晰的黑色点状花纹。

尺蛾科

小缺口青尺蛾 ✏️ 43mm左右。🕐 5~8月(夏季)。翅膀呈暗绿色，有较多白色花纹，翅膀边缘呈锯齿状。

尺蛾科

钩线青尺蛾 ✏️ 40~45mm。🕐 5~8月(夏季)。🍃栲栎等(幼虫)。翅膀呈绿色，有2条弯曲的白色条纹。

尺蛾科

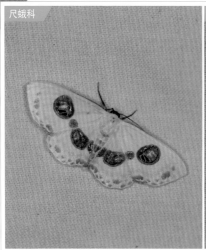

尺蛾科

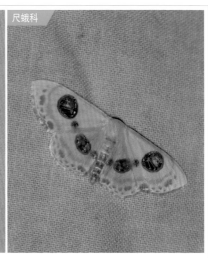

贼眼尺蛾 ⬛ 39~44㎜。⏱ 6~8月(夏季)。
翅膀呈白色，中央有4个较大的灰褐色圆形
点状花纹。

黑条眼尺蛾 ⬛ 28~42㎜。⏱ 6~8月(夏季)。翅膀呈白色，散发银色光泽，有4个较大的圆形点状花纹。

尺蛾科

尺蛾科

超岩尺蛾 ⬛ 20~23㎜。⏱ 5~10月(夏季)。🌱柿子树、菊花等(幼虫)。翅膀呈白色，有浅橘黄色波纹状花纹。

黄腹毛纹尺蛾 ⬛ 38~46㎜。⏱ 6~8月(夏季)。🌱常春藤(幼虫)。翅膀上的黑色条纹形似波纹，腹部呈黄色。

尺蛾科

女贞尺蛾 〽️32~47mm。🕐6~7月(夏季)。
🐛水蜡树等(幼虫)。翅膀呈白色,有较多黑
色点状花纹,喜好向光聚集。

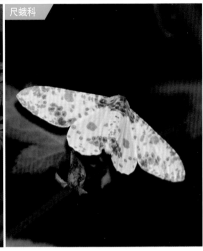

尺蛾科

木橑尺蛾 〽️50~58mm。🕐6~8月(夏季)。
🐛红松、麻栎类等(幼虫)。翅膀呈白色,具
有较多橘色和灰白色点状花纹。

尺蛾科

双云尺蛾
〽️50~70mm。🕐6~7月(夏季)。🐛榆树、洋槐等(幼虫)。身体及翅膀呈白色,有黑色横向条
纹。雄性的触角呈梳齿状,雌性呈线状。

443

尺蛾科

尺蛾科

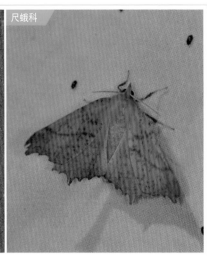

苹烟尺蛾 ✐48~55mm。☺5~9月(夏季)。
🍃苹果树等(幼虫)。翅膀呈褐色,有黑色条纹和较多较小的浅色点状花纹。

秋黄尺蛾 ✐38~43mm。☺8月(夏季)。🍃梨树等(幼虫)。翅膀呈浅褐色,边缘呈锯齿状,点状花纹较多。

尺蛾科

尺蛾科

拟柿星尺蛾 ✐50~55mm。☺6~8月(夏季)。🍃柿子树等(幼虫)。翅膀呈灰白色,具有较多大小不一的黑色点状花纹。

柿星尺蛾 ✐58mm左右。☺5~8月(夏季)。🍃柿子树等(幼虫)。翅膀呈灰白色,具有较多较大的黑色点状花纹,使整体色调偏黑。

尺蛾科

尺蛾科

埃尺蛾 📏27~36mm。⏱5~8月(夏季)。🍽榆树、柳树等(幼虫)。翅膀呈浅褐色，有波纹状条纹。

茶用克尺蛾 📏35mm左右。⏱7~10月(夏季)。黑褐色的翅膀上有弯弯曲曲的黑色花纹，像乌云密布一般。

尺蛾科

尺蛾科

暮尘尺蛾 📏39~54mm。⏱5~8月(夏季)。🍽苹果树等(幼虫)。翅膀呈黑褐色，条纹较多，触角呈梳齿状。

光边锦尺蛾 📏17~20mm。⏱5~8月(夏季)。翅膀呈浅黄色，有4个褐色点状花纹，边缘有条纹。

钩蛾科

钩蛾科

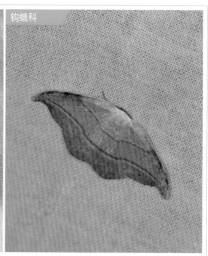

栎距钩蛾 🔗27~35mm。⏱5~9月(夏季)。🐛枹栎等(幼虫)。翅膀呈黄褐色，形态如钩状弯曲。

日本线钩蛾 🔗25~37mm。⏱5~9月(夏季)。🐛麻栎类等(幼虫)。钩状弯曲的翅膀上有2条横向条纹。

钩蛾科

草螟科

赤杨镰钩蛾 🔗34~42mm。⏱5~9月(夏季)。翅膀呈褐色、赤褐色、黄褐色等多样化颜色，中央有2对黑色点状花纹。

双带草螟 🔗18mm左右。⏱5~9月(夏季)。前翅具有较多橘黄色带状花纹，翅膀末端有黑色点状花纹。

草螟科

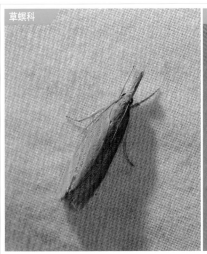

草螟科

二化螟 ✐ 22~24㎜。 🕐 6~8月(夏季)。🐛
稻子、玉米等(幼虫)。 **翅膀呈黄褐色，无花
纹，幼虫是禾本科植物的害虫。**

白桦角须野螟 ✐ 15~20㎜。 🕐 5~8月(夏
季)。🐛麻栎类等(幼虫)。 **翅膀呈浅紫色，前
翅上端呈灰色。**

草螟科

草螟科

桃蛀螟 ✐ 23~29㎜。 🕐 5~8月(夏季)。🐛
栗子树、樱花树等(幼虫)。 **翅膀呈黄褐色，
身体布满黑色点状花纹。**

棉卷叶野螟 ✐ 22~30㎜。 🕐 5~8月(夏季)
。🐛棉花、梧桐、木槿花等(幼虫)。 **翅膀呈黄白
色，条纹较多，是危害棉花的害虫。**

草螟科

丛毛展须野螟 ✎ 27~32㎜。🕐 5~8月(夏季)。翅膀有波纹状花纹，后翅中央有马蹄状花纹。

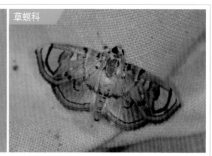

草螟科

淡黄卷野螟 ✎ 18~20㎜。🕐 6~8月(夏季)。前翅末端有白色花纹，仿佛白云朵朵飘浮的样子。

草螟科

三条扇野螟 ✎ 25~27㎜。🕐 5~9月(夏季)。🌿 樱花树、柿子树等(幼虫)。翅膀呈黄色，前后翅有5条黑色条纹。

草螟科

洁细野螟 ✎ 26㎜左右。🕐 6~8月(夏季)。翅膀呈浅黄色，后翅根据个体不同有的呈黄色，有的呈黄白色。

草螟科

元参棘趾野螟 ✎ 18~21㎜。🕐 6~9月(夏季)。🌿 唇形科、玄参科等(幼虫)。翅膀呈黄褐色，有波纹状深褐色花纹。

草螟科

葡萄切叶野螟 ✎ 23~28㎜。🕐 6~9月(夏季)。🌿 葡萄等(幼虫)。翅膀呈暗褐色，有较多黄白色点状花纹，触角呈线状。

瓜绢野螟 📏 28~30㎜。🕐 6~10月(夏季)。🌱 棉花、木槿花等(幼虫)。翅膀呈白色，外侧有较粗的黑褐色边缘。

甜菜白带野螟 📏 20~24㎜。🕐 5~10月(夏季)。🌱 鸡冠花、菠菜等(幼虫)。翅膀呈黑褐色，翅膀中央有白色带状花纹。

成虫　　　　　　　　　　　　　　　　　　幼虫

稻纵卷叶螟 📏 16~20㎜。🕐 6~10月(夏季)。🌱 稻子、小麦、大麦等(幼虫)。前翅呈黄色，边缘呈深褐色。幼虫头部呈褐色，身体呈黄绿色，布满白色点状花纹。

草螟科

蟆蛾科

亚洲玉米螟 ✎23~32mm。⏲7~9月(夏季)。🍴小米、玉米、豆子等(幼虫)。翅膀呈黄褐色，有赤褐色波纹状花纹。

白带网丛螟 ✎32~34mm。⏲6~8月(夏季)。黑褐色翅膀中略带黄绿色，中央有较粗的白色带状花纹。

蟆蛾科

蟆蛾科

日本彩丛螟 ✎27~30mm。⏲6~8月(夏季)。翅膀上端呈黑褐色，下端呈橘黄色，中央有橘黄色带状花纹。

艳双点螟 ✎26~33mm。⏲6~8月(夏季)。翅膀呈赤黄色，非常华丽，有1对清晰的黄色点状花纹。

盐肤木黑条螟 🗡26~30㎜。⏱7~8月(夏季)。🌿樟树、漆树等(幼虫)。翅膀呈橘黄色,有2条较粗的黄色条纹。

小歧角螟 🗡18~21㎜。⏱5~8月(夏季)。翅膀呈红色,尖锐,前翅边缘白色点状花纹连接成线。

康歧角螟 🗡18~21㎜。⏱6~9月(夏季)。翅膀呈黄赤色,尖锐,头部呈白色,夜间喜好向光飞行。

黄歧角螟 🗡13~16㎜。⏱6~8月(夏季)。翅膀呈赤褐色,下端呈红色,前翅有针脚状花纹。

印度谷斑螟 🗡12~18㎜。⏱5~9月(夏季)。🌿大米、豆子等(幼虫)。前翅上端呈白色,下端呈褐色,幼虫是仓储谷物的害虫。

红云翅斑螟 🗡25~31㎜。⏱6~10月(夏季)。🌿白车轴草、果实树等(幼虫)。翅膀呈黄色,边缘呈红色。

天蛾科

榆绿天蛾 ⬛ 62~81mm。⏱ 5~8月(夏季)。
🐛 榆树、榉树等(幼虫)。绿色的翅膀异常美丽，一年出现2次。

天蛾科

绒星天蛾 ⬛ 55~69mm。⏱ 6~8月(夏季)。
🐛 大叶桉、水蜡树等(幼虫)。翅膀呈灰黑色，有波纹状横向花纹。

天蛾科

构月天蛾 ⬛ 69~74mm。⏱ 5~8月(夏季)。
🐛 楮树等(幼虫)。翅膀呈黄绿色或褐色，有2个白色点状花纹。

天蛾科

枣桃六点天蛾 ⬛ 77~86mm。⏱ 5~8月(夏季)。🐛 梅子树、李子树等(幼虫)。翅膀呈深褐色，后翅呈粉红色。

天蛾科

盾天蛾
🖊96~118mm。⏱5~8月(夏季)。🌿樱花树等(幼虫)。翅膀呈褐色,有黑色花纹,末端呈锯齿状。后翅向前翅延伸方向呈现鼓胀状。

天蛾科

天蛾科

葡萄天蛾 🖊84~88mm。⏱6~8月(夏季)。🌿山葡萄、葡萄等(幼虫)。翅膀呈褐色,有红色花纹,翅膀末端呈锯齿状。

白肩天蛾 🖊47~62mm。⏱5~8月(夏季)。🌿凤仙花、长叶莲子菜等(幼虫)。翅膀呈黑褐色,身体似天鹅绒一般。

天蛾科

鹰翅天蛾

🗡91~99mm。⏱5~8月(夏季)。🍃漆树类等(幼虫)。翅膀呈黄褐色，有2对黑色点状花纹。胸部有绿褐色条纹，腹部末端有3个绿褐色点状花纹。

天蛾科

黄山鹰翅天蛾

🗡105~117mm。⏱8月(夏季)。🍃麻栎类、核桃树类等(幼虫)。翅膀呈褐色，有黑绿色点状花纹，末端呈钩状弯曲。腹节处有2个点状花纹。

天蛾科

豆天蛾

∥94~106mm。☾6~10月(夏季)。✿胡枝子树、洋槐等(幼虫)。翅膀呈黄色或浅草绿色,有波纹状花纹。幼虫啃噬豆科植物的叶片。

天蛾科

栗六点天蛾

∥95~110mm。☾5~8月(夏季)。✿栗子树、麻栎树等(幼虫)。翅膀呈暗褐色、黑色、赤褐色、黑褐色等多种颜色,条纹较多。幼虫在草丛中越冬。

舟蛾科

成虫　　　　　　　　幼虫

黑蕊舟蛾

🖊75~78mm。⏱5~8月(夏季)。翅膀呈黑色，腹部末端有花蕊状毛团。倒挂在树枝上的幼虫像在故意彰显自己的本领。

舟蛾科

舟蛾科

黑条燕尾舟蛾 🖊33~37mm。⏱5~8月(夏季)。🌿赤杨等(幼虫)。翅膀形似木纹，触角形似羊角梳。

刺槐掌舟蛾 🖊75~85mm。⏱6~8月(夏季)。翅膀呈暗褐色，腹部呈黑色，有黄色花纹，外形斑驳。

舟蛾科

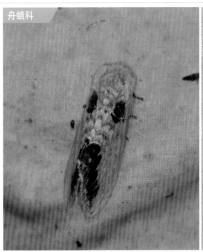

舟蛾科

苹掌舟蛾 ✎42~56㎜。⏱6~9月(夏季)。
🐛苹果树、梨树等(幼虫)。白色翅膀的上端
与末端有黑色花纹。

艳金舟蛾 ✎38~45㎜。⏱6~8月(夏季)。
🐛蒙古栎、紫椴等(幼虫)。翅膀呈褐色,有
三角形银色花纹。

舟蛾科

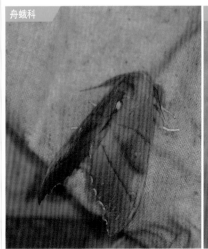

舟蛾科

黄二星舟蛾 ✎70~82㎜。⏱5~8月(夏
季)。🐛柞栎等(幼虫)。胸部有高高翘起的毛
团,形似罗锅。

栎掌舟蛾 ✎43~65㎜。⏱6~8月(夏季)。
🐛麻栎等(幼虫)。翅膀呈灰色,有黑色花
纹,末端呈白色。

舟蛾科

刺蛾科

槐羽舟蛾 ✏ 49~62mm。⏱ 4~8月(夏季)。
🐛 辽杨、多花紫藤等(幼虫)。翅膀呈浅褐色，条纹较多，外形显得呈褶皱状。

中国绿刺蛾 ✏ 22~30mm。⏱ 5~8月(夏季)。翅膀呈草绿色，末端有较粗的褐色花纹，喜好向光飞行。

刺蛾科

刺蛾科

白点刺蛾 ✏ 34~29mm。⏱ 6~10月(夏季)。
🐛 栗子树、樱花树等(幼虫)。翅膀呈褐色，前翅有1对白色点状花纹。

黑点新扁刺蛾 ✏ 23~25mm。⏱ 6~7月(夏季)。翅膀呈黄褐色，触角仅仅贴合在身体上，显示出三角形的外貌。

刺蛾科

成虫　　　　　　　　　　　　　　　　　茧

黄刺蛾

✎ 24~35mm。☉ 6~8月(夏季)。🍃梨树、苹果树、桑树等(幼虫)。翅膀呈黄色，下端呈褐色。在灰白底色中带有黑褐色花纹的硬茧中越冬。

刺蛾科

成虫　　　　　　　　　　　　　　　　幼虫(毛虫)

扁刺蛾

✎ 23~25mm。☉ 7月(夏季)。翅膀呈灰褐色，布满黑色的鳞片粉。幼虫呈草绿色，有白色条纹。

459

刺蛾科

卷蛾科

角齿刺蛾 🗡 24~26mm。🕐 7~8月(夏季)。
翅膀呈黄褐色，有2条褐色横向花纹，胸部
有毛团。

黄色卷蛾 🗡 19~34mm。🕐 5~9月(夏季)。
🌿苹果树等(幼虫)。身体呈钟形，幼虫在落
叶中越冬。

卷蛾科

卷蛾科

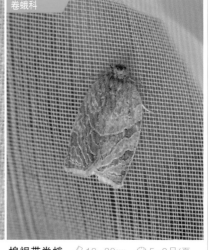

假色卷蛾 🗡 18~35mm。🕐 5~9月(夏季)。
🌿梨树、苹果树等(幼虫)。翅膀呈浅褐色，
幼虫是果园害虫。

棉褐带卷蛾 🗡 18~20mm。🕐 5~9月(夏
季)。🌿花生、梨、苹果等(幼虫)。翅膀呈黄
褐色，有网状褐色条纹。

卷蛾科

环铅卷蛾 ✎ 20~25㎜。⏱ 4~5月(春季)。
🍃 苹果树、梨树等(幼虫)。翅膀呈浅橘黄色，银色条纹闪闪发亮。

卷蛾科

玫双刺小卷蛾 ✎ 18㎜左右。⏱ 5~6月(春季)。🍃 蔷薇等(幼虫)。前翅上端呈灰褐色，下端呈白色，身体小而细。

网蛾科

大斜线网蛾 ✎ 19~25㎜。⏱ 5~8月(夏季)。🍃 栗子树、杨梅树等(幼虫)。翅膀呈橘黄色，有较多网状长长的线条。

木蠹蛾科

多斑豹蠹蛾 ✎ 40~70㎜。⏱ 7~8月(夏季)。翅膀呈白色，布满黑色点状花纹，幼虫在树上挖洞。

461

大蚕蛾科

玉尾大蚕蛾

📏117mm左右。⏱5~8月(夏季)。🍃樟树、枫树等(幼虫)。翅膀呈玉石色，有4个圆形花纹，翅尾极长。体格较大，向光飞行时形似小鸟。

大蚕蛾科

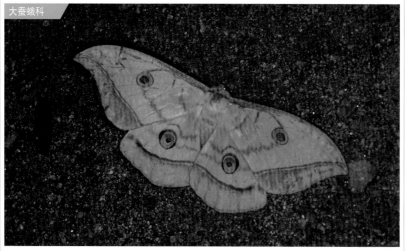

半目大蚕蛾

📏112~145mm。⏱6~8月(夏季)。🍃麻栎、栲栎等(幼虫)。翅膀呈黄褐色，有4个巨大的眼状花纹。幼虫用强韧的丝做茧越冬。

蚕蛾科

波纹蛾科

野蚕蛾 〽34~50mm。⏰5~9月(夏季)。🍃桑树等(幼虫)。身体及翅膀呈暗褐色，饲养蚕蛾的野生型。

晨华波纹蛾 〽28~36mm。⏰6~8月(夏季)。🍃东北绣线梅树等(幼虫)。翅膀呈暗褐色，有较多浅红色花纹。

斑蛾科

成虫

幼虫

白带锦斑蛾
〽25~30mm。⏰6~7月(夏季)。🍃白檀树等(幼虫)。翅膀呈黑褐色，有白色条纹，头部呈红色。幼虫呈黑色，黄色的四边形花纹连接成线。

半翅目> 蝽科

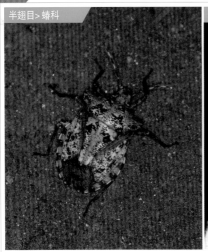

蝽科

斑点莽蝽 ✏20~23mm。⏱4~10月(夏季)。
🍃麻栎、槲树等。身体斑斑点点，在灯光
明亮的周边地表爬行。

茶翅蝽 ✏12~18mm。⏱全年(秋季)。🍃各
种植物、果实。身体呈深褐色，布满不规
则的花纹，喜好聚集在灯光周围。

蝽科

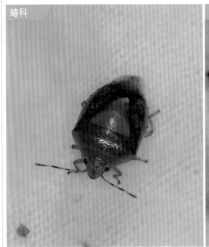

黾蝽科

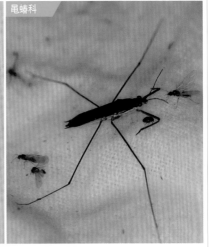

珀蝽 ✏10~13mm。⏱3~11月(夏季)。🍃栗
子树、橘子树类、豆类等。喜好向光飞
行，成虫在草根周边越冬。

湿地黾蝽 ✏11~16mm。⏱4~10月(夏季)。
🍃掉落在水中的尸体等。朝向池塘和湿地
等水边附近的灯光飞行。

划蝽科

钟丽烁划蝽 ∥5.9mm左右。☼3~10月(春季)。☂水栖植物。栖息在水田、池塘、水洼等处，灯光点亮后，受吸引向光飞行。

袖蜡蝉科

嵌边波袖蜡蝉 ∥5mm左右。☼7~9月(夏季)。翅膀远长于身体，耀眼的灯光点亮后，朝向灯光轻盈地飞行。

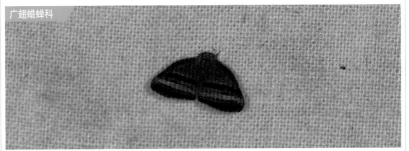

广翅蜡蝉科

褐带广翅蜡蝉

∥4mm左右。☼8~9月(夏季)。☂橘子树、葛藤等。翅膀呈褐色，中央有清晰的暗褐色条纹。栖息在耕地周边或原野上，停落在禾本科植物上。

广翅蜡蝉科

透明疏广翅蜡蝉 ∥5mm左右。☼8~9月(夏季)。☂葛藤、人参等。翅膀透明，边缘有黄色点状花纹，常聚集在灯光处。

叶蝉科

窗耳叶蝉 ∥14~18mm。☼5~8月(夏季)。☂柞栎、桲栎等。暗褐色的身体近似树皮，栖息在麻栎树林中。

465

蝉科

松寒蝉 〈43~47mm。☉6~10月(夏季)。❀树木汁液。白天贴附在树木上鸣叫，夜间受灯光吸引向光飞行。

蝉科

毛蟪蛄 〈30~38mm。☉8~11月(秋季)。❀树木汁液。阴天或日落时也常常鸣叫，夜间常向光飞行。

蜡蝉科

斑衣蜡蝉 〈14~15mm。☉7~11月(夏季)。❀葡萄树、苹果树等。极其喜好葡萄树等果树的汁液，向光聚集。

蜡蝉科

东北丽蜡蝉 〈12~14mm。☉7~10月(夏季)。❀树木汁液。白天吸食树木汁液，夜间朝向明亮的灯光聚集。

双翅目>角蝇科

铜色长角沼蝇 ⬚ 9~11mm。⬚ 4~8月(夏季)。⬚ 花粉等(成虫)。 飞行能力强，夜间朝向灯光疾速飞行。

虻科

卡洛依斯虻 ⬚ 19~20mm。⬚ 6~8月(夏季)。⬚ 牛、马等的体液(成虫)。 飞行聚集在光亮处的速度极为惊人。

蚊科

白纹伊蚊

⬚ 4.5mm左右。⬚ 6~9月(夏季)。⬚ 人血等(成虫)。 吸食森林中或城市中人的血液，属夜行性吸血昆虫。腿部有较多白色条纹，又名"山蚊子"。

膜翅目>胡蜂科

黄边胡蜂 ⬚ 21~29mm。⬚ 6~8月(夏季)。⬚ 蜜蜂等。 夜间聚集在树木上吸食树脂，受灯光吸引，向光飞行。

异腹胡蜂科

长足异腹胡蜂 ⬚ 10~22mm。⬚ 4~9月(夏季)。⬚ 昆虫幼虫(幼虫)。 飞行能力强，夜间能够朝向灯光疾速飞行。

467

直翅目 > 蚤蝼科

蟋蟀科

日本蚤蝼 ✐5~5.5mm。🕙4~10月(夏季)。🍃各种植物。身体呈黑色，小如粟米，夜间极好向光飞行。

黄脸油葫芦 ✐26~40mm。🕙8~11月(秋季)。🍃小型昆虫、植物。聚集在光亮处，跳跃前行。

螽斯科

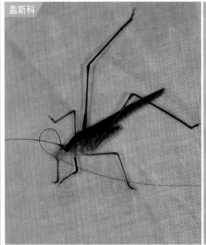

蜻蜓目 > 蜻科

黑角露螽 ✐28~35mm。🕙6~11月(秋季)。🍃各种植物。停息在草丛中，向光缓慢聚集。

黑丽翅蜻 ✐34~38mm。🕙6~9月(夏季)。🍃小型昆虫等(成虫)。翅膀呈暗青色，末端透明，外形似蝴蝶。

脉翅目> 草蛉科

蝶角蛉科

大草蛉 ⌀15mm左右。⏱5~8月(夏季)。🍴蚜虫等。在草丛中捕食蚜虫，夜晚朝向灯光处飞行。

黄脊蝶角蛉 ⌀65~75mm。⏱5~9月(夏季)。🍴小型昆虫等(幼虫)。身体呈褐色，触角极长，末端弯曲曲鼓胀。

蚁蛉科

广翅目>齿蛉科

耀哈蚁蛉 ⌀36~45mm。⏱5~9月(夏季)。🍴蚂蚁等(幼虫)。翅膀宽似蜻蜓，但身体轻而无力，不善飞行。

大陆鱼蛉 ⌀50mm左右。⏱5~9月(夏季)。🍴水栖昆虫等(幼虫)。形似蜻蜓，常朝向河川周边的光亮处飞行。

469

尺蠖

昆虫常识

昆虫的形态

　　昆虫是指无脊椎骨的无脊椎动物，属于一节一节身体构成的节肢动物。昆虫的身体分为头部、胸部、腹部三部分。头部有1对复眼、1对触角、1个口器，胸部有3对足和2对翅，腹部包含消化系统、呼吸系统、生殖系统等。

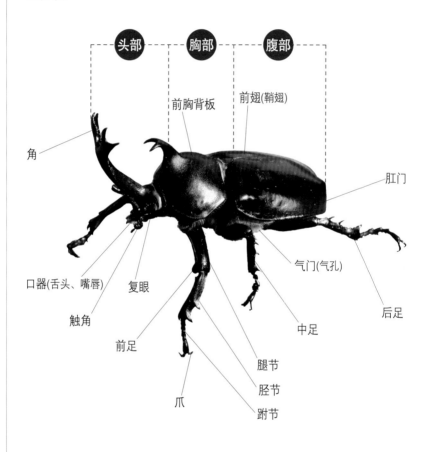

头部　　胸部　　腹部

前胸背板

前翅(鞘翅)

角

肛门

口器(舌头、嘴唇)　　复眼

气门(气孔)

触角

后足

前足

中足

腿节

胫节

爪

跗节

昆虫的进化

昆虫正朝向有利于生存的方向进化，从无翅类向产生翅膀的有翅类，从古翅类向翅膀能够折叠的新翅类，从外翅类向完全变态的内翅类，昆虫已经发展成为地球上繁衍最为旺盛的生物群。

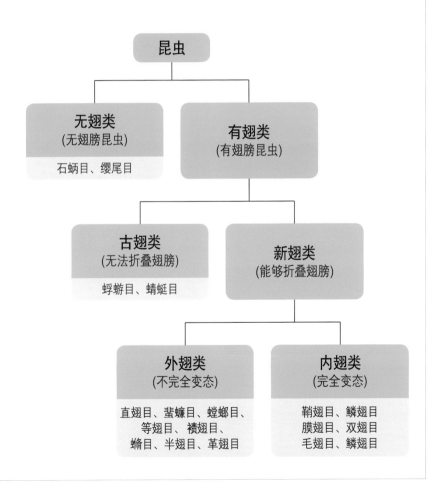

昆虫采集与观察

　　昆虫移动速度极快，因此为了仔细进行观察，需要先进行采集。根据昆虫的不同特性，采用多种采集方法，有助于有效采集昆虫并仔细观察其形态与特征。

① 昆虫采集法

捕虫网采集法：飞行或停息中的昆虫

观察采集法：藏匿起来的昆虫

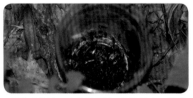

陷阱采集法：肉食性昆虫(腐烂的肉、糖蜜)

诱引采集法：喜好树脂的昆虫(香蕉)

灯光采集法：夜行性昆虫(路灯等灯光)

水栖昆虫采集法：水栖昆虫(捞网、捕鱼网)

② 昆虫采集及观察准备物品

捕虫网(蝴蝶网)、采集桶(拉链袋、三角筒等)、捞网、花铲、放大镜(老花镜)、书写工具、镊子、观察箱、照相机、图鉴、帽子、长裤、运动鞋、书包、手套、高筒靴、雨衣、雨伞、急救药、零食、水

昆虫观察日记

观察日期：　　　　　　　　　　观察者：

观察地点：　　　　　　　　　　天气：

周边环境：

观察内容：

① 观察的昆虫：

② 昆虫发现地点：

③ 昆虫的行动：

④ 特殊之处：

新获取的知识：

感想及疑问：

步行虫的生活

爬行速度快的昆虫能够迅速躲避天敌，同时觅食非常容易，对于生存十分有利。属于鞘翅目的虎甲、步甲、斑步甲等拥有长长的腿，仿佛田径运动员一般步伐敏捷。

① 疾速移动

虎甲

芽斑虎甲

捕猎者——虎甲是善于快速移动捕食的肉食性昆虫，由于脚步极快，常常看不清前方情况，从而停滞片刻休息一会儿。

② 藏匿在暗处

黑腹胫步甲

③ 像灰尘飞舞一般爬行

黄斑青步甲

步甲和斑步甲都具有喜好藏匿在阴暗处的习性，大部分在夜间活动，以小型无脊椎动物或腐烂的尸体为食。

法医学昆虫

　　根据林中动物尸体的腐败程度，会在其周边聚集起不同的昆虫。如果针对围绕在尸体周边的昆虫进行调查，能够对死亡时间进行推断。此类能够帮助解开犯罪线索的昆虫被称作"法医学昆虫"。

① 闻到尸体气味聚集

叉叶绿蝇、麻蝇

② 撕食尸体

细黄胡蜂

　　叉叶绿蝇、黑蝇、麻蝇等双翅目昆虫在动物死亡2小时内能够找寻到尸体，其后到来的则是撕食尸体的细黄胡蜂、黄边胡蜂、蚂蚁等。

③ 捕食蛆虫

大宽扁葬甲

④ 掩埋尸体

四斑负葬甲

　　当尸体上生出蛆虫时，宽扁葬甲、肥脚葬甲将聚集在周边捕食蛆虫，其后聚集的是埋葬尸体的埋葬虫，即葬甲种类。

饲养的昆虫

　　双叉犀金龟、锹形虫、蚕、菜粉蝶、蟋蟀、白星花金龟等都是非常容易饲养的昆虫。饲养昆虫的过程中能够目睹其从卵、幼虫、蛹到成虫的一系列变化过程，仔细观察其神奇的形态。

① 宠物昆虫

双叉犀金龟

扁锹形虫

　　有长角的双叉犀金龟及有美丽上颚的扁锹形虫在昆虫爱好者当中极具人气，是极负盛名的宠物昆虫。

② 饲养昆虫

家蚕蛾的幼虫(蚕)

白星花金龟的幼虫(蛴螬)

　　蚕啃噬桑叶成长，蚕茧中抽出的丝能够编织布匹。栖息在茅草屋顶下的蛴螬则是可以入药的药用昆虫。

萤火虫的生活

　　萤火虫依靠身体内的荧光素酶发光，并通过这种光进行交流，是一种发光生物。近来，萤火虫数量急剧减少，对它们的保护工作迫在眉睫。

① 萤火虫的幼虫

淡红萤火虫：幼虫陆地上栖息

平家萤：幼虫水中栖息

　　淡红萤火虫的幼虫栖息在陆地上，捕食蜗牛等小型无脊椎动物。平家萤的幼虫栖息在水中，以川蜷螺、螺角螺等为食。

② 萤火虫之间的交流

淡红萤火虫的发光节

帕帕梨萤的发光节

　　发出亮光的萤火虫发光节雄性有2节，雌性有1节，它们根据荧光的明暗及闪烁周期的不同进行交流。

卷叶象虫的生活

　　长长的脖子、方圆敦实的臀部再加上短短的足，卷叶象虫的外形像极了白鹅。卷叶象虫将叶片卷起制成摇篮，在其中产卵；齿颚卷叶象虫则用长长的喙部穿透果实，在其中产卵。

① 圈起摇篮

栎长颈象　　　　　　　　　栗卷象

　　卷叶象虫类昆虫的外貌与白鹅极其相似。白鹅的脖子细长，而卷叶象虫类昆虫头部细长，这是二者的差异。

② 果实穿洞

剪枝栎实象　　　　　　　　在橡子上产卵的痕迹

　　属于齿颚卷叶象虫的剪枝栎实象在橡子上穿洞产卵。它们往往选择尚未完全成熟的橡子产卵，随后折断树枝，使其掉落在地表。

蝴蝶的交配囊

　　白绢蝶和虎凤蝶的雄性在完成交配后不离开雌性，而是协助在雌性腹部末端形成交配囊（受胎囊）。交配囊形成后雌性无法再进行交配，即雌性只能进行一次交配。

① 白绢蝶的交配

交配中的白绢蝶

白绢蝶的交配囊

　　白绢蝶具有苎麻布一般的翅膀。翅膀上没有鳞片粉，即使用手触摸，也不会粘上粉末，幼虫以延胡索类为食。

② 虎凤蝶的交配

虎凤蝶

虎凤蝶的交配囊

　　虎凤蝶的翅膀花纹与虎皮相似。早春时节吸食杜鹃花和堇花等花朵的花蜜，在细辛或狗细辛丛中产卵。

蝴蝶和飞蛾的眼状花纹

　　蚕蛾类和眼蝶类昆虫的翅膀上具有样式、大小、数量不同的多个眼状花纹。眼状花纹是为了使自身看起来像体形较大的生物，从而惊吓天敌，使天敌远离自身。

① 具有较大眼状花纹的飞蛾

半目大蚕蛾

玉尾大蚕蛾

　　蚕蛾类昆虫属于大型飞蛾，因此极易被天敌发现，但当其忽然显露出较大的眼状花纹时，则能够迷惑天敌，巧妙逃脱。

② 具有较多眼状花纹的蝴蝶

拟稻眉眼蝶

蛇眼蝶

　　眼蝶的翅膀上有多个眼状花纹。当遭遇天敌时，它们会显露出大小不一的多个眼状花纹惊吓对方，随后迅速逃脱。

灯蛾的生活

灯蛾因其喜好向光聚集而得名，但灯蛾其实并不喜欢灯光。灯蛾之所以靠近灯光是因为"阳性趋光性"，即飞蛾具有受到光线刺激从而做出反应的特性。

① 聚集在灯光处的灯蛾

聚集在灯光处的飞蛾

优美苔蛾

飞蛾常常朝向灯光环绕飞行，经常出现由于不停歇地环绕飞行，撞击到光源而致死的情况。

② 灯蛾的成虫和幼虫

白纹灯蛾

煤色滴苔蛾的幼虫

萦绕在灯光附近的灯蛾与一般翅膀颜色灰暗的飞蛾不同，它们的翅膀非常华丽。幼虫身上具有较多长毛，属于松毛虫型幼虫。

尺蠖的生活

　　尺蠖是尺蛾科昆虫的幼虫，其爬行方式极为独特，似乎是在一寸一寸测量布料一般。飞蛾类幼虫一般具备胸足、腹足、尾足，但尺蠖不具备腹足，故此爬行状态极为特别。

① 尺蠖与蝴蝶幼虫的比较

无腹足的尺蠖

有腹足的蝴蝶幼虫

　　尺蠖无法像普通的蝴蝶类幼虫一般向前蠕动爬行，只能利用胸足和尾足将身体弓成半环状向前爬行。

② 尺蠖的伪装术

伪装成树枝的尺蠖

伪装成鸟粪的尺蠖

　　尺蠖中有很多体格较大的枝尺蛾幼虫。枝尺蛾幼虫为了躲避天敌，非常善于伪装成树枝或鸟粪的模样。

椿象的生活

椿象是一种善于用发达的喙部吸取汁液的昆虫。肉食性椿象用尖锐的喙刺入猎物吸取体液。害虫椿象将喙刺入植物的茎干和叶片吸取汁液。

① 肉食性椿象

猎取食物的环斑猛猎蝽

猎取食物的山高姬蝽

猎蝽类和姬蝽类都具有尖锐的喙，它们用喙刺入小型昆虫及其幼虫的体内进行取食。它们将刺在喙上的食物携带移动并吸取体液。

② 害虫椿象

豆科作物害虫点蜂缘椿象

果树作物害虫斯氏珀蝽

害虫椿象吸取旱田、水田、果树等作物的汁液从而造成危害。被椿象吸食啃咬过的部位发生病害。

蝉的生活

　　蝉的幼虫蝉虫在地下挖洞，吸取植物的根部汁液。蝉虫经过5~7年爬出地表脱去外皮（蜕皮）变为成虫，寻觅配偶并不停鸣叫。不同种类的蝉鸣叫声不同。

① 蝉蜕皮后的外壳

鸣蝉的外壳

蚱蝉的外壳

松寒蝉的外壳

蟪蛄的外壳

　　蝉羽化后留下的外壳形态根据种类而各不相同。仅只是观察蜕皮外壳就基本能够判断是属于哪种蝉。

② 蝉的鸣叫声

鸣蝉：咪依咪依咪——　　蚱蝉：嚓嘞嘞嘞——

松寒蝉：嘻呜——啾啾啾啾——嘶哇嘶哇——嘶呲磕呲磕呲磕——哦——呲磕呲磕——雪哦呲雪哦呲——呲嘞嘞嘞嘞

蟪蛄：唧——　　油蝉：唧咯——唧咯——唧咯——

蒙古寒蝉：嘶——嘞嘶——嘞——

外来昆虫

　　地球温暖化致使气候发生着变化，同时也使得外来昆虫在逐渐增加。由于韩国气候越来越热，原产于中国热带地区的斑衣蜡蝉适应了韩国气候，成为韩国的突发害虫。很久以前外来的黄胸散白蚁则不断给文化财产造成损害。

① 果树害虫斑衣蜡蝉

群聚吸食树木汁液的斑衣蜡蝉

越冬中的斑衣蜡蝉的卵

　　斑衣蜡蝉在各种树木上集聚成群吸食树木汁液。特别是大量出现在果园中的葡萄、桃子、梨、苹果等果树上，造成了极大危害。

② 文化财产害虫黄胸散白蚁

分解树木的黄胸散白蚁

黄胸散白蚁的巢穴

　　适应亚热带气候的黄胸散白蚁伴随进口木材进入韩国。随着全球气候变暖不断增加的黄胸散白蚁给木制文化财产造成了极大危害。

昆虫的静止飞行

　　蚜蝇类和蜂虻类昆虫的飞行技术极为高超，特别是十分擅长在原位静止飞行。蚜蝇类擅长在花朵周边静止飞行，蜂虻则是擅长在保持静止飞行的状态下吸食花蜜的神奇昆虫。

① **蚜蝇的静止飞行**

黑带食蚜蝇

狭带条胸蚜蝇

　　蚜蝇类昆虫为收集花粉，不停地飞行着四处寻找花朵。人们观察到蚜蝇寻找到心仪的花朵时围绕花朵翩翩飞舞的样子，又把它称作"流浪蝇"。

② **蜂虻和天蛾的静止飞行**

多毛蜂虻

青背长喙天蛾

　　寻花而至的蜂虻一边保持静止飞行，一边用长长的喙吸食花蜜。被称为"昆虫界蜂鸟"的天蛾类也极为擅长静止飞行。

昆虫的捕食技能

　　虻类和蜻蜓类昆虫擅长捕获飞行中的猎物，是昆虫中技艺精湛的猎手。它们以迅雷不及掩耳的速度捕获猎物后，用长长的腿部牢固圈紧，就如同把猎物放进竹篮内一样，使其完全动弹不得。

① 敏捷的猎手虻

中华盗虻

黑食虫虻

　　勇猛的虻类昆虫能够迅速飞升用长腿捕获猎物。吐出体内的消化液将猎物溶解后吞食。

② 飞行技巧精湛的蜻蜓

白尾灰蜻

长叶异痣蟌

　　飞行技师——蜻蜓类昆虫擅长果断捕食。蟌类也是捕食小型昆虫的肉食性昆虫。它们可以用坚硬的喙嚼食猎物。

蜜蜂和花蜂的生活

　　蜜蜂类和花蜂类昆虫都具有收集花粉的习性，但蜜蜂类过着以蜂王为中心的集体生活，而花蜂类则是单独生活。

① 集体生活的蜜蜂

西方蜜蜂(西洋蜂)　　　　　　　　中华蜜蜂(土种蜂)

　　最常见的蜜蜂有西方蜜蜂和中华蜜蜂两个种类。西方蜜蜂是为了授粉而引入的，中华蜜蜂则是能够制作土种蜂蜜的土种蜂。

② 单独生活的花蜂

小白纹隧蜂　　　　　　　　　　　铜色隧蜂

　　春季到来时，花蜂类昆虫在地底挖洞建巢。巢中建2~3间幼虫房，将花蜜与花粉混合放置后产卵。

蚂蚁的交配飞行

　　游乐场、公园、山路上随处可见到蚂蚁的交配飞行，它们通过这样一种方式形成全新的王国。蚁后在结束交配飞行之后，翅膀自行脱落，并潜入腐木或植物根部下方重新创造全新的集团。

① 日本弓背蚁的交配飞行

准备交配飞行的蚁后

准备交配飞行的雄蚁

　　日本弓背蚁在每年的4~6月进行交配飞行。蚁后飞向高处准备交配飞行，雄蚁则从巢穴中爬出准备交配飞行。

② 日本黑褐蚁和叶形多刺蚁的交配飞行

日本黑褐蚁

叶形多刺蚁

　　不同种类的蚂蚁交配飞行的时期也有所不同。日本黑褐蚁和红蛱蚁在夏季（6~8月），叶形多刺蚁和黄蚁则在秋季（9~11月）进行交配飞行。

多种多样的害虫

　　住宅区存在着诸多给人类带来侵害的昆虫。无论是仅外表就令人毛骨悚然的朝鲜疾灶螽，还是传播疾病的蟑螂、蚊子、苍蝇等均给人类健康造成了威胁。

① 令人憎恶的害虫

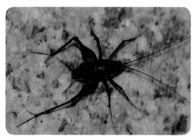

家庭玄关处的朝鲜疾灶螽

花坛中的突灶螽

　　朝鲜疾灶螽弓背驼腰，外表丑陋，令人极易产生憎恶感。其体内生存有铁线虫，令人毛骨悚然，但它并不传播疾病。

② 卫生害虫

家庭中的蟑螂

吸食人血的白线斑蚊

　　蟑螂常游走于脏乱之处，传播疾病。蚊子通过吸食人血传播疟疾、登革热、脑炎等疾病，带来危害。

石蛾的生活

　　生活在水中的石蛾类幼虫像蜗牛一样建造巢穴。不同种类的石蛾利用不同的原料（植物碎屑、水栖动物尸体沉淀物、小石子、沙子等）建造不同的巢穴，因此只是观察其巢穴的外形，就能够判定石蛾的种类。

① 石蚕蛾类

带纹石蚕蛾
(巢穴原料：树木碎屑、小石子)

针石蚕蛾
(巢穴原料：树木碎屑、小石子)

② 黄纹鳞石蛾类

黄纹鳞石蛾
(巢穴原料：植物碎屑、沙子)

③ 鳞石蛾类

鳞石蛾
(巢穴原料：腐朽植物的沉淀物)

④ 齿角石蛾类

齿角石蛾(巢穴原料：沙子)

⑤ 流石蛾类

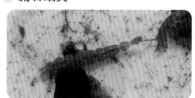

长跗节流石蛾(不建巢穴)

悦目金蛛

其他动物常识

节肢动物

　　节肢动物是指身体呈节状，腿部每节均有关节的无脊椎动物。节肢动物中具有代表性的有昆虫纲、蛛形纲、甲壳纲、多足纲等，其中昆虫纲占据节肢动物整体的90%以上。

分类	昆虫纲	蛛形纲	甲壳纲	多足纲
代表种	柑橘凤蝶	横纹金蛛	鼠妇	马陆
体节	头、胸、腹	头、胸、腹	头、胸	头、躯干
眼睛	复眼、单眼	单眼	复眼	单眼
触角	1对	无	2对	1对
足	3对	4对	5~8对	15~67对
翅膀	2对	无	无	无
变态	有	无	有	无
种类	步行虫、蝴蝶、蜂、蝇等	蜘蛛、蝎子、螨、虱子等	蝲蛄、钩虾、螃蟹、鼠妇等	蜈蚣、百足虫、蚰蜒等

　　昆虫纲、蛛形纲、甲壳纲、多足纲的外形虽然相互近似，但根据体节、触角、足的数量等的差异可以判断所属的种类。

蛛形纲的种类与生活

　　蛛形纲中包括着织网栖息的定居型蜘蛛和无固定栖息地的徘徊型蜘蛛。定居型蜘蛛依靠蜘蛛网进行捕食，而徘徊型蜘蛛则依靠迅速的移动捕获猎物。螨类也属于蛛形纲。

① 织网的定居型蜘蛛

编织单层圆形蜘蛛网的悦目金蛛　　　　编织多层复合型蜘蛛网的棒络新妇

② 捕食的徘徊型蜘蛛

行动敏捷进行捕食的星豹蛛　　　　　藏匿身体进行捕食的鞍形花蟹蛛

③ 身形极小的螨

吸食动物血液的螨

甲壳纲的种类与生活

甲壳纲生物的栖息地多种多样，包括淡水、沙滩、土地等。在氧气含量丰富的溪畔，栖息着蝲蛄、钩虾、草虾等，沙滩上栖息着螃蟹、海蟑螂等。土地上则栖息着球状的鼠妇和潮虫等。

① 栖息在淡水中的甲壳类

栖息在溪畔石头下的蝲蛄

分解落叶的钩虾

② 栖息在沙滩上的甲壳类

在溪畔穿洞的三齿厚蟹

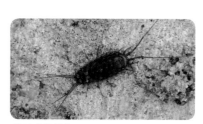

海边的海蟑螂

③ 栖息在土地上的甲壳类

将身体卷成球状的鼠妇

无法将身体卷成球状的潮虫

多足纲的种类与生活

多足纲生物是指多腿的节肢动物。蜈蚣类具有毒性，十分危险，其爬行速度极快。百足虫类的特征是一旦被触碰就会蜷曲起躯体。蚰蜒类擅长疾速爬行，又名"钱串子"。

① 蜈蚣类

疾速爬行的少棘巨蜈蚣

栖息在石头下的石蜈蚣

身体细长的绵长地蜈蚣

② 百足虫类

将身体团团蜷曲的亮黑百足虫

多足的黄足黑百足虫

③ 蚰蜒类

捕食家中害虫的家蚰蜒

索引

A

B

D

504

510

L

P

S

Y

Z

526

곤충 검색 도감（The Field Picture Book of Insects）
Copyright © 2013 by 한영식（Han Young-sik 韩永植）
All rights reserved.
Simplified Chinese Copyright © 2017 by HENAN SCIENCE & TECHNOLOGY
PRESS CO., LTD.
Simplified Chinese language edition arranged with JINSUN PUBLISHING CO., LTD.
through Eric Yang Agency Inc.

著作权合同登记号：图字16-2014-016

图书在版编目（CIP）数据

昆虫识别图鉴 /（韩）韩永植著；郑丹丹译. —郑州：河南科学技术出版社，
2017.1（2020.7重印）
　　ISBN 978-7-5349-8308-5

　　Ⅰ.①昆… Ⅱ.①韩… ②郑… Ⅲ.①昆虫-图集 Ⅳ.①Q96-64

中国版本图书馆CIP数据核字（2016）第274057号

出版发行：河南科学技术出版社
　　　　　地址：郑州市经五路66号　邮编：450002
　　　　　电话：（0371）65737028　65788613
　　　　　网址：www.hnstp.cn
策划编辑：李　洁　申卫娟
责任编辑：申卫娟
责任校对：徐小刚
封面设计：张　伟
责任印制：张艳芳
印　　刷：河南瑞之光印刷股份有限公司
经　　销：全国新华书店
幅面尺寸：130 mm×185 mm　　印张：16.5　　字数：310千字
版　　次：2017年1月第1版　　2020年7月第3次印刷
定　　价：98.00元

如发现印、装质量问题，影响阅读，请与出版社联系并调换。

昆虫大小标准

根据昆虫的种类，测量大小的方法不同。
这里选取具有代表性的7个种类介绍测量大小的方法。

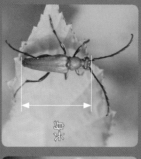

鞘翅目

身长

鳞翅目

翅膀展开的长度

半翅目

身长

双翅目

身长

膜翅目

身长

直翅目

身长

蜻蜓目

身长